子どもと一緒に覚えたい

木の実の名前

Name of the nuts

はじめに

公園や道路沿いには、たくさんの木が植えられています。
桜などのように花が咲くものは、
立ち止まってその花をしみじみ眺めることもありますが、
普段は、その木が何の木であるか、
あまり気にとめることもありません。

自分よりもずっと背の高い樹木は
見上げても、あまりよく全体が見えず、
幹や葉だけでは、あまり興味が持てないからです。

でも、小さな子どもがその木の正体を、
教えてくれるかもしれません。
その手がかりは、木の実です。

子どもは大人より地面に近い目線にあるせいなのか
地面に同化した小さな木の実を見つけ出す天才です。

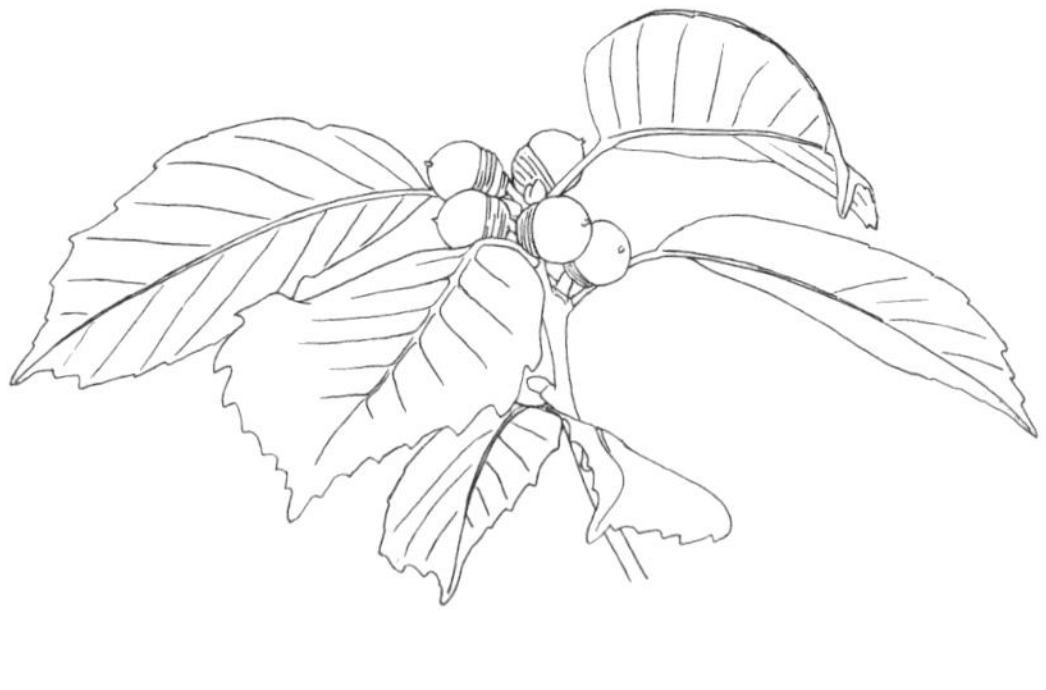

何かいいものを見つけたと、拾っては、ポケットへ。

どうかその時、
「汚いから捨てなさい」と言わないで下さい。
それは自然への扉を開く鍵です。

小さな子どもの手のひらに収まるサイズのそれは、
巨木を育てる力を持つカプセル。
まるで名探偵のごとく、その木の実を見れば
その木が何であるかが分かるのです。

この本では身近な公園や庭などでよく見られる
木の実ばかりを集めてみました。
本書が親子の公園散策のお役に立てれば幸いです。

目次

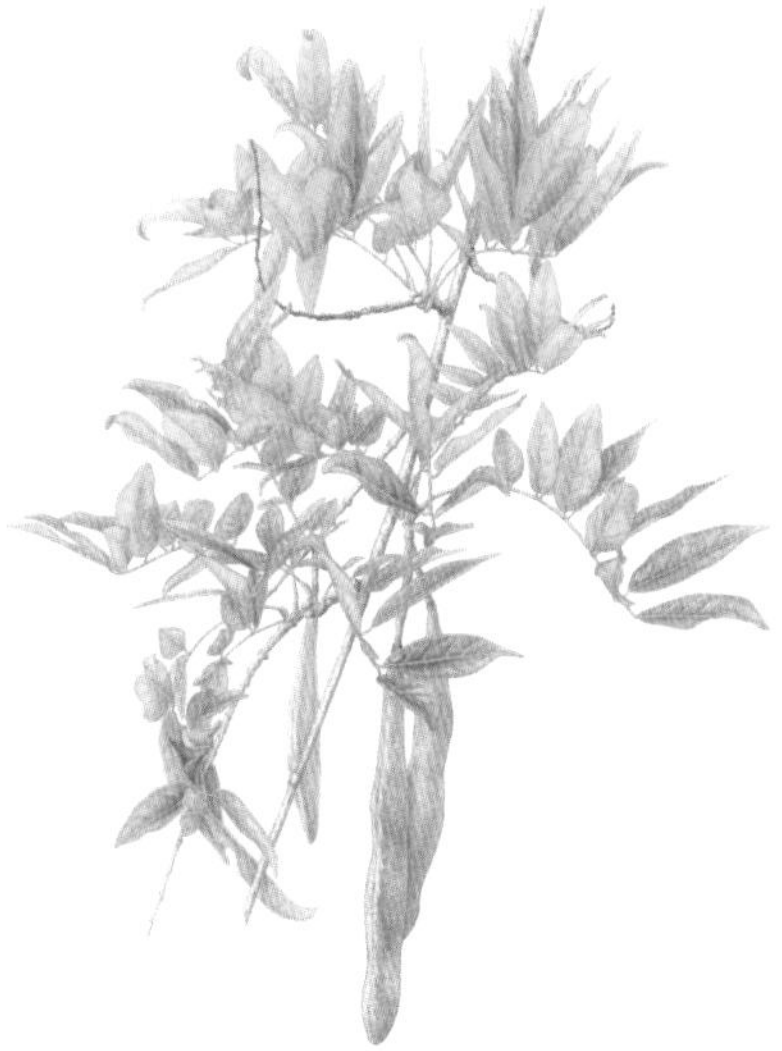

※それぞれの樹木名は、ひとつの樹種を表す場合と、複数の近縁種をまとめて表す場合があります。

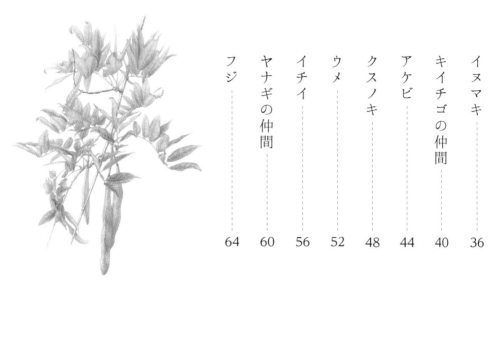

木の実の相棒

木の実と聞いて、まず何を思い浮かべるでしょうか？　まず誰でも知っているものなら、ドングリ、マツボックリなどでしょう。でもこれは、一体、何の木のどの部分か？と聞かれると、考えてしまうはずです。ドングリはタネのようだけど何の木のタネなのか、マツボックリは松のタネだとすれば、どこから芽が出るのか？　結構、分からないものです。

木の実という言葉の中には、果実とタネという異なるものが含まれています。例えばリンゴは果実ですが、その中にタネが入っています。木の実といえば、このリンゴの実全体を指します。花は何のために咲くかといえば、受粉して実をつけるためです。その実にはタネが含まれています。このタネこそが主役。

タネの役割は明確で、子孫繁栄が目的です。植物は大前提として、動物のようには自由に動くことができません。でもずっと同じ場所で自分のタネをばらまき続ければ、同じ親子同士で場所と日光と栄養を取り合うことになります。またその場所に建物が建てば親子ともに全滅するかもしれません。だから親はなるべく遠くに子どもをやって、色んな場所に自分の子孫を残したいのです。

でも、動けない植物は一体どうやって陣地を広げればいいのでしょう？　方法はある程度限られています。まずタネを軽くして風などにのせて遠くへ飛ばすか、弾けるなどの反動で遠くへ飛ば

す方法があります。ただ風や動力で飛ぶためには、ある程度、タネを軽くしなくてはなりません。そうなるとタネや木の実に詰める栄養は限られるため、うまく着地しても芽吹くことはできないかもしれません。その代わり、数をたくさんばらまく作戦です。

もう一つのやり方は木の実においしいごちそうをつけて、そこに硬いタネも入れて一緒に動物に食べてもらって糞として出してもらう、または動物に蓄えてもらう方法です。動物に運んでもらうためには、何かしらおいしいごちそうつけなくてはなりません。植物はエネルギーを費やして、果実やナッツなど栄養のある、おいしい部分を生み出します。エサにつられた運び屋は野鳥やリス、ネズミ、サル、タヌキなどの動物たち。そこに人間を加えてもいいでしょう。ただし人間はタネをゴミ箱に捨ててしまいますから、効率の悪いお客さんです。いっそ子どもの方が拾った木の実を持ち帰り、その辺に捨ててくれるかもしれず、木にとってはありがたい相棒です。そんなふうに木の実にはその植物の生き残り戦略が詰まっています。だから木の実を見れば、その植物の不思議な生態に迫れます。

かなり無計画に思える樹木の戦略は、とても長いスパンで考えられています。何百年と生きる能力を持つ彼らには、環境の変化は瞬く間。タネは暑さや寒さに耐えて、何年も、何十年も生き延びて今もじっと地面の下で芽吹くチャンス待っているのです。

Acorn

Quercus serrata

コナラ［小楢］

ブナ科　落葉広葉樹　高木　10〜30m

見つけやすさ ♦♦♦

木の実の大きさ：直径1.5〜3cm
木の実の時期：9月
分布：北海道〜九州
見られる場所：野山、公園
原産地：日本、台湾、朝鮮半島
別名：ドングリ
花言葉：勇敢

ドングリといえば、これ

子どもが夢中になって拾うドングリ。そのドングリの中で、もっとも一般的なドングリが、このコナラだ。うまくすればベレー帽付きのものが拾える。

木の実

よく野山や公園などで見かけるドングリが、コナラの木の実。

タネ

ドングリそのものがタネ。このドングリを覆う果肉などはない。

ドングリは、何の木の実？

公園にいると「あ、ドングリだ」と、子どもの声がよく聞こえる。普段「落ちているものは拾うな」と言われている子でも、ドングリだけは例外とばかりに拾っても怒られないようだ。このドングリという言葉は総称で、日本国内には何十ものドングリが存在する。それらは「ドングリの木」という種類ではなく、それぞれにまったく異なる種類の樹木だったりする。一見同じに見えても昨日拾ったドングリと、今日拾うドングリは、まったく違う木のドングリかもしれない。意外とドングリの世界は深いのだ。

里山を支える代表選手

野山や公園で子どもが拾う木の実の代表選手がドングリならば、そのドングリの中の代表がこのコナラだ。よく公園にも植えられていて、木の実がなるのも早く、たくさん実る。ベレー帽のような帽子は深めで丸っぽく、うろこのような模様。ドングリの姿は、細長くも、少し丸みを帯びている。このコナラのドングリは多様性に満ちていて、ちょっと小太りなものや、細長いものなど、さまざまある。帽子が取れていると、コナラかどうか見極めるのすら難しい。

花

開花は４月頃。雌雄同株で風媒花。雄花は長く垂れる。

葉

楕円形の葉の縁には大きなギザギザがついている。葉脈は左右対称。裏に毛がある。

幹

灰色のような茶色の幹には、不規則な縦筋がついている。真っすぐ高く立つ。

森の動物たちの食料となる

ドングリは森の多くの動物たちのエサとなる。クマなどは冬眠前に大量のドングリを食べて丸々と太り、シカ、イノシシ、タヌキ、サルなどもドングリを好んで食べる。野鳥でもオシドリ、アオバト、カラスなど、多くの動物が食べるが、ドングリを運んで土の中に埋めるのは貯蔵する習性のある、リス、ネズミ、カケスだ。ドングリは普通に落ちただけでは乾いてしまい、芽が出せないため、誰かにある程度の深さに埋めてもらう必要がある。食料を埋めて隠しておこうとした動物達の忘れ物が山を育てる。最近では山が荒れて、食料不足でクマやサルやイノシシが人里に下りて問題になっているが、山にドングリがもっと増えれば、動物達もわざわざ危険をおかして町に来なくても済むのかもしれない。

相棒

クマ、サル、シカ、イノシシ、タヌキ、オシドリ、アオバトなど多くの動物が食べるが、タネを運ぶのはリス、ネズミ、カケス。

果実

ドングリの中は栄養分がたっぷりで、固い殻のカプセルに閉じ込めている。

コナラの木の実を拾ったら

芽が出るか実験する

リスになった気分で、拾ったドングリを植木鉢などに入れて、いろんな深さに埋めてみよう。いろんな深さやいろんな場所に置いて芽が出るか実験だ。ちなみに根が出るのは尖った方。乾き切ったドングリだと芽が出にくいので拾いたてにチャレンジしよう。

間違えやすい木の実

【ミズナラ】

コナラのドングリよりも、少し大きく、お椀の部分の幅が狭い。

【ウバメガシ】

とても小ぶりのドングリで、帽子も小さく、上下ともに尖った印象。葉も小さい。

Live Oak

Quercus glauca

カシの仲間 ［樫］

ブナ科　常緑広葉樹　高木　5〜20m

見つけやすさ ♦♦♦

木の実の大きさ：直径1.5〜2.5cm
木の実の時期：10〜11月
分布：東北南部〜沖縄
見られる場所：野山、公園
原産地：日本、台湾、朝鮮半島
別名：どんぐり
花言葉：勇気

意外と特徴がある

カシの仲間は種類が多い。でも全体に共通する特徴がある。前のページのコナラとの見分け方は意外と簡単だ。

木の実

カシのドングリではしばしば縦筋が目立つ。帽子は横筋だ。

タネ

ドングリが木の実であり、タネでもある。尖った方から根を出す。

ドングリ界でも、仲間の多いカシ

カシの仲間はとても種類が多く、身近によく見られるアラカシやシラカシを始め、イチイガシ、ウラジロガシ、ツクバネガシ、アカガシなどは野山で出会うことが多い。全体に共通する特徴は小ぶりで、ドングリに縦筋が入っていて、帽子には横筋が入っていること。形のフォルムのみで見分けるのは難しいので、ぜひこのカシの仲間は「ドングリの縦筋と、帽子の横筋」と覚えておこう。

どれも同じドングリだけど…よく見れば違う！

公園で多く拾うのは、秋に葉を落とす落葉樹ではコナラやクヌギ、冬でも葉をつけている常緑樹ではシイの仲間と、このカシの仲間が多い。コナラかカシの仲間かを大雑把に見分けられるだけでも、相当な植物の達人だ。他にも身近なドングリはあるが、クヌギは丸くて一目瞭然、カシワは帽子が派手に大きく、シイの仲間のスタジイなどは皮がつぼみのようになっており、マテバシイは大きくて細長い。ドングリを拾った時に「ドングリだ」だけでなく、「ああ、これは〇〇のドングリだね」なんてサラッと言えれば、一目置かれること間違いなしだ（ちょっと変わった人だと思われるかもしれないが…）。

花

開花は5～6月頃。房状に雄花が垂れ下がり、風で受粉する。雌花は上にあり、とても小さい。

葉

厚みがあり、硬くしっかりした葉で、縁のギザギザがコナラのようには目立たないものが多い。

幹

幹からは床柱や枕木、木刀などにも使われるほど丈夫な木材がとれる。

環境変化への対応力は抜群！

カシの仲間の多くのドングリは実るのに2年かかる。芽を出してから大きくなるまでに10年から20年はかかるなど成長は遅いが、周辺の変化などへの対応力が高いのがカシの特徴。ドングリに小さな穴が空いていることがあるが、あれはシギゾウムシの幼虫が入っているサイン。カシの仲間は食べられることも視野に入れて、下半分くらい食べられても芽を出す能力を残している。豊作の年と不作の年のムラも激しいが、それも動物達の貯蔵を促し、タネを運ばせる作戦では、と言われている。ちなみにムササビなどはドングリだけでなく葉も食べるが、何故か半分に折り畳んで真ん中を齧る。もし真ん中だけ丸くピンポン球大の穴が空いた葉っぱを森で見つけたら、近くにムササビがいるという証拠だ。

相棒

野鳥のカケスはこのカシのドングルを浅く土の中に埋めて、後で掘り出して食べるため「カシドリ」とも呼ばれている。

果実

ツヤツヤとした硬い殻に包まれ、中には芽をしばらく育てるだけの栄養を持っている。

カシの木の実を拾ったら

ドングリの帽子の部分を撫でてみる

アカガシなどのドングリの帽子部分（かくと）は例えるなら高級なニット帽。ゆっくり指の先で撫でてみると、ビロード状の細かな毛が生えていてサラサラとした絨毯の手触りが味わえる。

カシの仲間たち

【アラカシ】

1cmほどの小粒で丸っぽい。

【シラカシ】

大量に転がっている一般的なカシ。頭が大きい。

【イチイガシ】

金色の毛と太い角があり、食べるとおいしい。

【ウラジロガシ】

お尻と帽子が尖っている。

【アカガシ】

お椀がビロードのような手触り。

Sawtooth Oak

Quercus acutissima

クヌギ［櫟］

ブナ科　落葉広葉樹　高木　10〜30m

見つけやすさ　◆◆◆

木の実の大きさ：直径2.5〜3㎝
木の実の時期：10月
分布：本州〜九州
見られる場所：野山、公園
原産地：日本、台湾、朝鮮半島
別名：オカメドングリ、カタギ
花言葉：穏やかさ

太っちょなドングリ

子どもに人気の丸いドングリは、帽子付きで見つけると得した気分。おまけにこのドングリの木にはカブトムシやクワガタも集まって来ることを覚えておこう。

木の実

丸くて大きなドングリといえば、このクヌギ。モジャモジャな帽子がタネを覆い、虫から身を守る。

タネ

帽子がとれた部分がタネ。他のドングリ同様、尖った頭の方から根を出す。

クヌギは食べられる？

クヌギのドングリは大型のため、昔はクリ、トチノキと並ぶ大事な食料の一つだった。とはいえ、クヌギには多量のタンニンが含まれており、とてもそのままでは渋くて食べられない。何度もアク抜きが必要だ。ドングリを食べるアカネズミでさえ、稀に消化不良で死んでしまうことがあるという。ところがいろんな食べ物の中に一つとしてなら大丈夫。これはまとめて食べられないようにして、でも非常食として貯蓄させることを目的とした戦略ではないかと言われている。でもスダジイやマテバシイなど一部シイの仲間のドングリはさほど渋くないため、そのまま火を通して食べられるから不思議だ。

モジャモジャ頭？それとも、ふさふさパンツ？

ドングリと枝を繋げていた部分（かくと）のことを、人によって「お椀」と言ったり「帽子」と呼んだりするが、このクヌギに限っては、むしろ「パンツ」と呼ぶ方がしっくりくる気がする。帽子にしては深々とかぶりすぎていて、あまりにも履いている感が強い。そんなクヌギのパンツだが、もともとは虫に卵を産みつけられないための防御のために全身かぶっていたもの。成長するとだんだん頭を出して、結局は虫に卵を植えつけられているのだから、このパンツは役に立っているのかいないのか…。ちなみに幼虫に

花

開花は４～５月頃。細長い房のような雄花の付け根に雌花が咲く。

葉

クリの葉とよく似ていて、細長く縁にギザギザがある。葉脈はクリより強い。

幹

不規則な割れ目があり、樹液などにさまざまな虫が集まる。

中身を食べられてしまったドングリは地面に落ち、中から虫が穴を開けてはい出すと、土に潜って蛹になるという。

カブトムシが集まる木

クヌギはカブトムシがよく集まる木だ。傷ついた樹皮から発酵臭のような独特な匂いを放ち、流れ出した樹液を目当てにカブトムシやクワガタや、大型の蝶やスズメバチなども集まる。朽ちたクヌギやコナラにはカブトムシの幼虫が見つかることも多い。コナラやクヌギがたくさん生えている森は生物の多様性があり豊かだ。森の掃除屋と呼ばれるきのこも生え、自然のサイクルが循環しやすい環境になる。昔はこの木を炭として利用してきた。今は炭もカブトムシもホームセンターで買う時代だが、できれば森の中で本物のカブトムシを見つけてみたいものだ。

果実

2年かけてじっくり実る。くしゃくしゃ帽子にドングリは半分ほど隠れる。

相棒

リス、ネズミなど森の動物たちに食料として貯蔵される。ムササビなどが木の上で食べようとして落とすことも。

クヌギの木の実を拾ったら

コマを作ってみる

お尻の方にキリなどで穴を開けて、爪楊枝を指してコマを作ってみよう。もし帽子付きのキレイなクヌギのドングリを見つけたら、窓辺などにオブジェとして飾ったり、フォトフレームなどの飾りにしても可愛い。

間違えやすい木の実

【アベマキ】

クヌギよりも帽子のモジャモジャが大きく、深い。葉の裏に毛が密集している。

【カシワ】

帽子の色が赤っぽく、葉の幅が広い。葉はかしわ餅を包むのに使われる。

JAPANESE BLACK PINE

Pinus thunbergii

JAPANESE RED PINE

Pinus densiflora

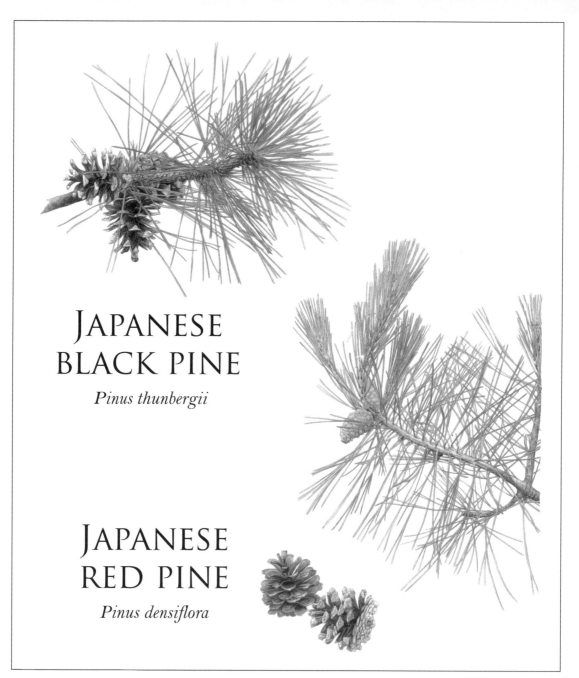

マツの仲間［松］

マツ科　常緑針葉樹　高木　3～50m

見つけやすさ　◆◆◆

木の実の大きさ：直径4～8㎝
木の実の時期：10月
分布：北海道～九州
見られる場所：庭園、公園、山、海岸
原産地：中国、日本、朝鮮半島
別名：メマツ（アカマツ）、オマツ（クロマツ）
花言葉：不老長寿

松ぼっくりは、ただの入れ物

落ちている松ぼっくりから芽は出ない。不思議なことにこの松ぼっくりの方は洋風なイメージでクリスマス飾りに使われ、松の木本体の方はお正月に門松として飾られる。

木の実

子どもも大人もよく拾う松ぼっくりは、タネの入れ物。ただし、落ちているものにはタネは入っていない。

タネ

タネにはクルクルと風に飛んで回りながら落ちて飛んでいくプロペラのような羽根がついている。

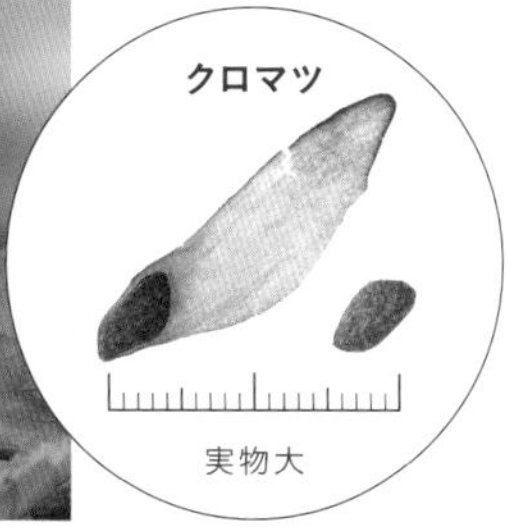

松ぼっくりは、用済みのタネなし容器

子どもが公園で拾ってくるものといえば、どんぐりと松ぼっくり。それほど誰もが知っている松ぼっくりなのに、案外、その正体については知られていない。まず松ぼっくりと呼ばれるものは、タネを入れておくただの容器だ。枝についたままの松ぼっくりは雨の日は閉じてタネを守り、晴れた日にカサを開き、中に入っていたタネを飛ばす。タネは素早くクルクルと回転しながら落ちていく。「松の実」という名で売られている食べ物は、この羽根をとったもの。羽根だけ見ると、まるで昆虫の羽根のように薄くて軽い。すべてタネを落として役目を終えた松ぼっくりは、そのうち枝から落ちて、子どもたちに拾われる。

太陽を好み、ライバルとの戦いを避ける

よく見かける松には「アカマツ」と「クロマツ」がある。盆栽に使われるのは五葉松と言って葉が5本だが、よく見かける松の葉は2本セット。アカマツは里山でよく見かけ、芽が赤い。クロマツは幹が黒っぽく、葉の先端が痛いくらいしっかりしていて海岸などで防風林として使われることが多い。公園にはそのどちらもあるので、どちらか観察して言い当てるゲームをしても面白い。松の木は太陽の光を好むため、周囲に木々が生えないようなライバルのいない痩せた土地をあえて好む。だから木が茂った森などに松はあまりない。他の木なら嫌がるような場所に生える。栄養

花

開花は4～5月。うじゃうじゃイモムシのようなものが雄花、真ん中でアスパラのように真っすぐ立っているのが雌花。

葉

先端が尖った2本の細長い葉がセットになって、枝にびっしりと生えている。松葉相撲で遊ぶこともできる。

幹

枝や幹からは松やにがとれる。滑り止めや香料に使われ、年月が経ったものは「琥珀」という宝石になることも。

のない土で松が成長するために役に立つのが菌根菌というきのこの一種。これが働いて松の成長を助けている。

松では一つの枝に三世代同居が当たり前

松の先端に、小さな赤ちゃん松ぼっくりが生まれる頃、その枝をよく観察すると、その下にお母さん松ぼっくりがあり、さらにずっと下にはおばあちゃん松ぼっくりがくっついている。松ぼっくりはこうやって一年半ごとに木の実をつけていく。山や森林公園などでは、まだタネを抱えたままの松ぼっくりがリスやムササビに大人気。足元やちょっとした切り株などの上に、彼らの食べ残しが見つかるかもしれない。もしエビフライみたいな形のものを見つけたら、その場所にリスが住んでいる証拠だ。

相棒

松のタネを広げる相棒は風。野鳥やリスはタネだけ食べてしまう敵だが、冬に備えて貯えたタネを食べ忘れるとタネを運んでもらったことになる。

実

木の実に果肉のようなものはなく、タネを抱えた松ぼっくりは硬い殻。落ちて乾燥すれば何年もそのままの形を保つ。

マツの木の実を拾ったら

森のエビフライを探そう

もしたくさん松ぼっくりが落ちている森に行く機会があったら、ぜひリスが松ぼっくりをタネごと齧った跡の「森のエビフライ」を探してみよう。公園などでは拾った松ぼっくりは水につけてカサが閉じる実験をすると楽しい。キャンプでは乾燥した松の葉や松ぼっくりは着火材になる。

© あうるの森

間違えやすい木の実

【ヒマラヤスギ】

スギといいながら、マツの仲間。葉は細長くチクチクと痛い。樹形はかなり異なる。秋から冬にかけて地面には山のような雄花が散らばる。大きな松ぼっくりができ、先端には薔薇状の「シダーローズ」と呼ばれる形ができる。

GINKGO

Ginkgo biloba

イチョウ［銀杏］

イチョウ科　落葉樹　高木　10〜13m

見つけやすさ　♦♦♦

木の実の大きさ：長さ約2.5cm
木の実の時期：11月
分布：北海道〜沖縄
見られる場所：街路や社寺、公園
原産地：中国
別名：ギンナン
花言葉：長寿

恐竜時代から生き残った「生きている化石」

公園や神社など、どこでも植えられ、特徴的な葉っぱと木の実から よくその名を知られている。でもその生態はミステリアス。

木の実

果肉のようなものはタネの皮。匂いがキツく臭い。素手で触るとかぶれることも。中の硬い殻もタネの皮で、その中身がギンナンと呼ばれるタネの本体。

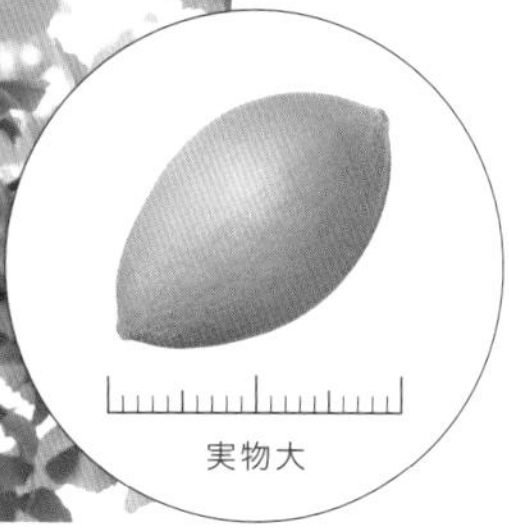

実物大

タネ

秋に木の実が熟すと下に落ちる。複数構造になったタネで殻は非常に硬い。

地球上でもっとも古い植物。古代の生き残り

イチョウは落ちている葉っぱを見て、何の葉っぱか名前を言える、数少ない樹木だ。幹は燃えにくく、昔は火災を防ぐ木として知られていたため街路樹や公園や神社など身近な場所によく植えられた。そうやってイチョウはどこにでもある印象だが、自然の野山ではまったく見られない。意外なことにイチョウは絶滅危惧種。でもそんなイチョウは2億年も昔から生き延びてきたもっとも古い植物だ。恐竜時代には全世界に野生のイチョウがあったという。野生動物で例えるなら、誰もが知っているゾウやキリン、トラなど動物園でお馴染みの動物が絶滅危惧種なのと似ている。硬い殻で何十年と土の中で眠る間に、自然環境の方が変わってしまったのかもしれない。

古いタイプのイチョウの葉は割けている

イチョウは2億年から現在までほぼ姿を変えていない。そんな中でも微妙に変わったことといえば葉っぱの形。昔のものほど上がギザギザと波打ち、真ん中が大きく割けている。葉脈が2つに分かれているだけの原始的なものでカモの水かきに似ている。原産国の中国では「鴨脚（イチャオ）」と呼ばれているそうで、それが日本に伝わりイチョウと呼ばれているという説も。またイチョウは植物なのに精子を作る。木にはそれぞれオスとメスがあり、花粉は風に飛んで雌しべにつく。するとそこから何と半年も

幹

燃えにくいため家の天板などに使われる。切った根本から枝が出ることがあるが先祖返りをして異なる葉を出すことがある。

花

4～5月に開花。雄花はフサフサのものが垂れ下がり、雌花は2つに分かれているものが複数ついている。

葉

葉脈が2つに分かれる。葉は割けているものと、割けないものがある。1本の枝の中でも葉の形にはばらつきがある。

かけて精子に変化し、雌しべの中を泳いで卵子に辿り着くという、何だか摩訶不思議な生態を持つ。

葉っぱが黄色くなるのは、なぜ？

イチョウといえば葉が美しく黄色く染まるのが有名。でもイチョウは新緑の緑から、黄色になって終わり。どうして黄色で止まっていられるのだろう。弱った植物の葉がだんだん緑から黄色くなるのと同じように、寒い季節には黄色くなって葉を落とすことで効率良く生き延びようとしている。たくさん落ちたイチョウの葉は情緒たっぷり。でも、うっかり木の実を触らぬように。かなり臭い匂いがして、かぶれることもある。タネは茶碗蒸しなどに入っているギンナン。臭う木の実を最初に食べた日本人はスゴイ！

相棒

こんな臭い木の実でもタヌキは食べて、タネを運んでくれる。人間も食べるが、タヌキと違って糞から芽が出ることはない。

実

皮はシワシワになり異臭を放つ。ぶよぶよの皮の中には硬い殻に包まれたタネがある。

イチョウの木の実を拾ったら

木の実はかぶれるので、葉っぱをしおりにしてみよう

イチョウの葉は、本に挟めばしおりになる。シキミ酸という成分があり、防虫効果がある。秋になったらイチョウの葉っぱを拾ってみよう。また何枚か集めたら古い葉と新しい葉を比べてみるのも面白い。

間違えやすい木の実

【特になし】

イチョウのような匂いを放つ木の実は他にない。ちなみにこの臭い匂いは何のためにあるのか、まったく謎。タネを運んでもらうにもこの臭さは不利だ。あえていうなら半径数メートル匂うので、一度食べたものには「ここにあるよ」のサインにはなるが…。茶碗蒸しのギンナンを嫌う子どもが多いのは好き嫌いではなく、ある意味で正常。正しい味覚だ。外国人はギンナンを食べる日本人に心底驚くという。

JAPANESE WALNUT

Juglans mandshurica

オニグルミ［鬼胡桃］

クルミ科　落葉広葉樹　高木　5〜20m

見つけやすさ ◆◆◆

木の実の大きさ：直径3㎝
木の実の時期：9〜10月
分布：北海道〜九州
見られる場所：低地、山地の川沿い
原産地：日本、中国、朝鮮半島
別名：オグルミ、ヤマグルミ
花言葉：あなたに夢中

水に浮いて流される
タイムカプセル

硬い殻を割れるものは
選ばれし者だけ。
川から海へと漂流し
遠くへと旅する。

木の実

偽果というニセモノの果実のような姿。果肉はあまりなく、中には硬い殻のタネが入っている。

実物大

タネ

お菓子などにもよく使われているクルミ。その栄養価の高さから注目されている木の実の代表。硬い殻が特徴。中は栄養がたっぷり。

金槌で叩いても割れない、最強レベルの硬さ

オニグルミの殻は本当に硬い。だから「なんだ、そんなものも割れないのか、貸してみな」なんてカッコ良く言わないように。コツコツ叩いたくらいでは割れず、ハンマーで割ろうとすればポーンとどこかへ飛んで森の中。せっかく見つけたクルミを見失う羽目になるだろう。割るにはくるみ割り器が必要。何しろあまりに硬いため「鬼」とつけられたほどだ。

殻を割れるのはリスとアカネズミだけ

人間が食べてもおいしい木の実なのだから、さぞかし山の動物にも人気に違いないと思うが、この硬さゆえ、食べられるのは前歯が発達したリスとアカネズミだけだ。もっと多くの動物に食べてもらうほうが有利なのでは?と思うところだが、よく考えてみれば硬い殻の中に詰まっているのは芽と栄養分。つまり中身を食べられたら芽吹かない。でも、この殻を丸のみして糞で出してくれるヤツもいない。では硬い殻で防御してまで食べてもらう相手を選ぶ意味は?といえば、リスやアカネズミは土の中に食料を埋めて貯蔵するからだ。ただ木から落ちただけでは発芽しにくいが、リスやアカネズミが土に埋める深さが発芽にちょうどいいのだ。土の中で長い間眠ることができるオニグルミ。食べられる前に運良く芽が出ればラッキーだ。

葉

葉は羽根状で四方に広がる。細長く鳥の羽のような形。裏側は葉脈がくっきり浮き出ている。触ると少しベとつく。

花

雌雄同株のため単独でも実をつける。5～6月に開花。雌花は赤い花が直立し、雄花は下向きに房で垂れ下がる。

幹

樹皮は暗灰色で縦に割れ目が入るが、中の木目は滑らかで家具材になる。新芽の下にサルの顔が浮き出ることも。

川に流されて大移動をもくろむ

オニグルミは山の沢沿いになっていることが多い。それはもう1つの戦略に関係している。植物に共通するのは、少しでもタネを遠くへ広げること。川に流されれば何十キロ、何百キロも移動することができる。オニグルミの殻は中身が入っていても水に浮き、川に流され、果てには海まで流れて行くこともある。かなり発芽の成功率は低そうだが、そこは何百年も生きる樹木。たった1個のタネだけでも成功し運良く根付くことができれば、当面の間、そのあたり周辺で子孫を広げることができる。しかもオニグルミにはアレロパシーという周囲の植物の成長を邪魔する成分を出す技があり、他の木が育ちにくくなる。オニグルミは陸上では運び屋を少数精鋭に絞り、水辺では運任せでタネを放流し、生き延びて発芽するチャンスを狙う、大胆不敵なヤツなのだ。

相棒

リスとアカネズミ。貯蔵分として土の中に埋められるのを待っている。または川に流れて遠い土地へと流れ着く。

果実

9〜10月頃に熟す。果肉はあまりなく、熟すとシワシワになり皮が剥がれ落ちるとお馴染みのクルミの姿になる。

オニグルミの木の実を拾ったら

落ちている殻から誰が食べたかを推理する

もし真っすぐキレイに2つに割れていて、中身だけなくなっていたら、それを食べた犯人はリス。その割り方ができるのはリスくらいだ。左右に穴が開いて中身が食べられていたら、それを食べた犯人はアカネズミ。もしメチャクチャに粉々に割れていたら人間の仕業だ。割れてないものを見つけたら、手や背中のマッサージに使おう。

間違えやすい木の実

【サワグルミ】

葉の形や花の房の雰囲気などはよく似ているが、オニグルミと違っておいしい木の実はならない。

Maple

Acer palmatum

イロハモミジ［以呂波紅葉］

ムクロジ科　落葉広葉樹　高木　5〜15m

見つけやすさ　♦♦♦

木の実の大きさ：長さ約1.5〜3cm
木の実の時期：11〜12月
分布：東北南部〜九州
見られる場所：庭や公園、社寺、山
原産地：日本、中国、朝鮮半島
別名：イロハカエデ
花言葉：大切な思い出

くるくる回りながら空を飛ぶタネ

秋に赤く色づく紅葉。てのひらのような葉の形に、よく見てみれば、2枚の羽根がついたタネがついている。

木の実

まるでヘリコプターのような翼がついた木の実がなる。木についている時は逆さまで、落ちる時、タネの重みで反対向きになる。

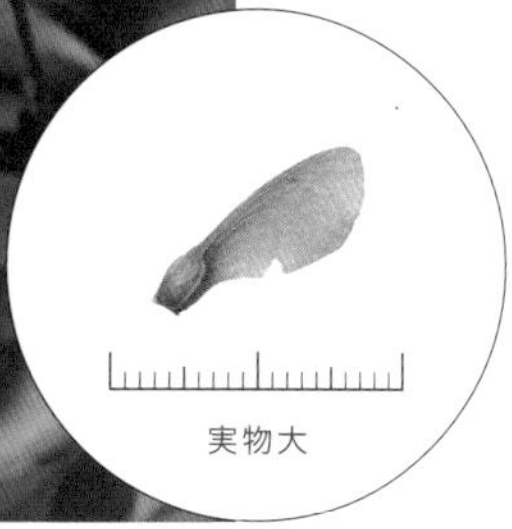

実物大

タネ

長さ 1.5cm 程度の翼があり、タネも2個ついている。初秋にかけて熟すと風で飛ばされる。風が強い日には何十メートルも飛ぶことも。

「紅葉」という漢字に秘められた謎

モミジは紅葉の代名詞。「紅葉」と書いてあれば、「こうよう」と読んでも、「もみじ」と読んでも正解だ。昔、「紅葉（もみじ）」という言葉は、落葉前に葉が赤くなったものを指し、樹木の種類を指していたわけではなかったそうだ。ところが、いつの間にかモミジといえば、このてのひら型の木のことを指すようになった。モミジの中にも、いろいろ種類はあるが、その中でもイロハモミジは日本では最もよく見られる種。よく庭園などにも使われ、葉は小ぶりで愛らしく、見事な赤色に染まる。

「カエデ」と「モミジ」は何が違う？

本などでも「イロハカエデ」となっていたり「イロハモミジ」となっていたりするが、これは同じ種を指している。和名は結構いい加減で、たくさんある仲間の種類には名前に「カエデ」がつく木と、「モミジ」がつく木がある。ちなみにカエデという言葉は「カエルの手」からきている説も。分かりやすい例ではカナダの国旗に描かれているメープルシロップがとれるのはサトウカエデ。タネの形は、サトウカエデの方がイロハモミジよりも羽根の広がりが狭く、形状が微妙に違う。

葉

5つから7つ程度に割けた、てのひらのような形。縁はギザギザしている。

花

5月頃に開花。暗紫色で房になり、雄花だけの房と、雄花と雌花が混ざった房がある。雌花は小さなプロペラを持っている。

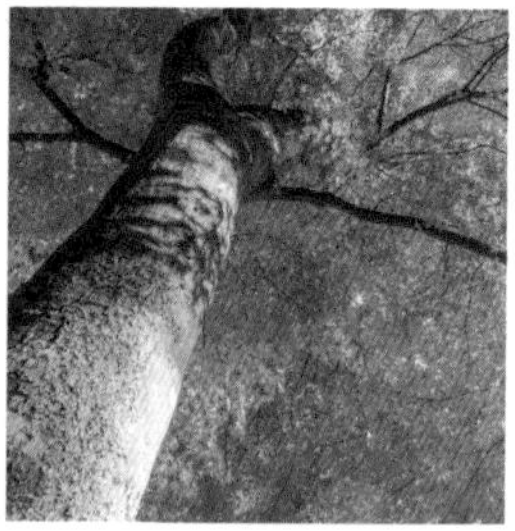

幹

滑らかで繊細な樹皮を持つものが多いため、紅葉だけでなく庭園に植えられる理由になっている。

仲良しの双子も、旅立ちの瞬間にバラバラになる

プロペラのような羽根のつけ根には、タネが2つ仲良く並んでいる。彼らはいつもずっと一緒に育って来た双子のような存在。最初は黄緑にピンクがかったみずみずしいタネも、やがてタネが熟すと羽根の部分が薄く茶色くなり、軽くなる。当然、このプロペラを生かして一緒に飛んで行くのかと思いきや、旅立ちの時が近づくと2枚の羽根の真ん中に少し亀裂が入り始める。そして枝から落ちて旅立つ瞬間に2つのタネは半分に分かれて、それぞれに1枚の羽根でくるくると回りながら別々に落ちて行く。2人一緒に飛んで共倒れしたり、同じ場所で陣取り合戦するよりも、別々の場所でそれぞれ生き残れるように健闘を祈る、というわけだ。2手に分かれて生き残る戦略で子孫繁栄の確率を上げているのだ。

相棒

一番の相棒は風。シメやイカル、カワラヒワといった野鳥がよく食べに来るが、食べたタネを消化してしまうことが多い。

果実

木の実ができたての頃は緑でまるで葉っぱの一部のよう。少しずつ乾燥し、飛びやすいように薄く軽くなっていく。

イロハモミジの木の実を拾ったら

高い場所から落としてみよう

羽根のついた木の実がどんなふうに落ちるのか、高い場所からそっと手を離して再現してみよう。どっちが遠くまで飛ぶか、なんて遊びもできそう。

間違えやすい木の実

【トウカエデ】

中国のカエデ。丈夫で成長が遅く、紅葉が美しいため、街路などによく利用されている。イロハモミジとの大きな違いは葉。3つに割れたカエルの手のよう。タネは非常に似ていて、同じような形をしている。

Buddhist pine

Podocarpus macrophyllus

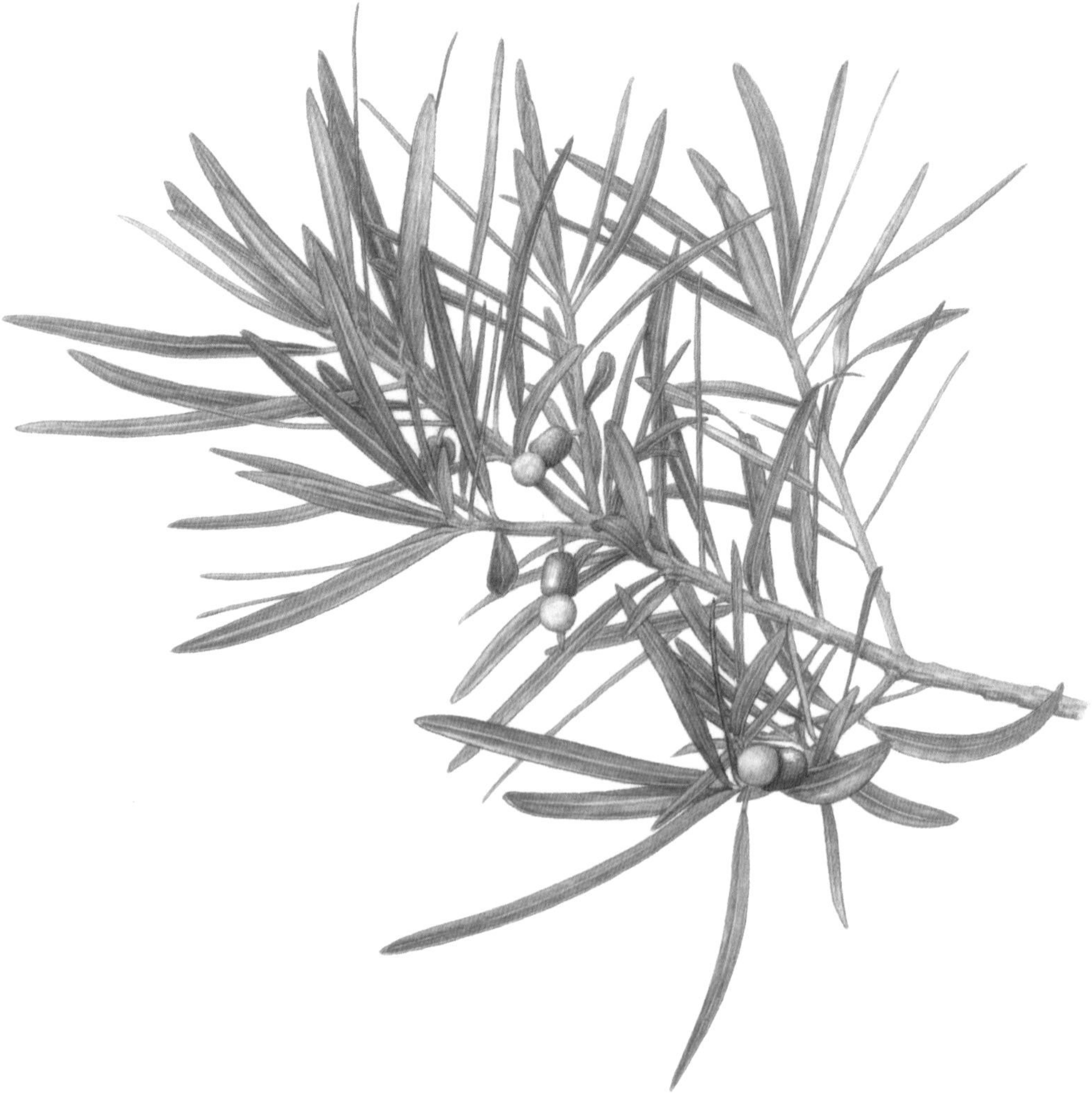

イヌマキ［犬槇］

マキ科　常緑針葉樹　高木　3〜20m

見つけやすさ ◆◆◇

木の実の大きさ：長さ約1.5〜3㎝
木の実の時期：9〜10月
分布：関東〜沖縄
見られる場所：建物の生垣、庭、山
原産地：日本、中国
別名：クサマキ、マキノキ
花言葉：慈愛

甘くておいしい天然の2色団子？

赤と緑の2色の実がくっついている。こんな木の実は見たことがない、なんていう人も多いのでは？でも、案外、身近によくある。

木の実

先端の緑色の玉がタネ。下の赤紫色の部分は甘いゼリー質になっており、この2つが1セットになっている。

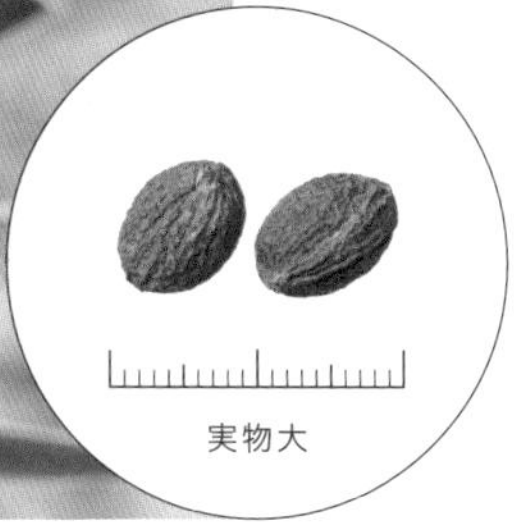

タネ

団子の上の部分の中にタネが含まれている。タネには毒素があるため食べないように。

可愛い名前？

イヌマキという名前を聞くと「かわいい名前」「人間が使うマキより小さいから犬用？」なんていう人も多い。今でこそ犬といえば可愛くて、服を着せたりする愛玩動物というイメージだが、昔は犬といえば「犬畜生にも劣る行為」「あいつは警察の犬」「犬死にだ」なんてふうに悪い例えに使われることが多かった。昔は野良犬が多かったせいもあるかもしれない。同様に植物界でも「イヌ」とつくものは、劣る、役に立たない、ということが多い。イヌがつく植物は割合多く、イヌムギ、イヌビワ、イヌザンショウ、イヌガヤといった具合。ところがイヌマキは劣るどころか、しっかり人間の役に立っている。

どこにでもあるのに、木の実は見かけない？

イヌマキはよく生垣に使われている代表的な樹木。大気汚染や潮風に強く、冬でも枯れない常緑樹のため好んで使われることが多い。その割に木の実を見たことがない人は多い。生け垣の場合は高さも低く押さえられ、枝葉もおいしい木の実がなる前に真っすぐに刈り込まれてしまうためだ。本来は10メートルを超える大きさにもなるイヌマキ。花をつけようと思ったら刈り込まれ、仮に花が残って木の実をつけようと思っても刈り込まれ、運良く木の実がなったとしても、それは刈り込まれないほど奥まった場所なので、あまりこの特徴的な木の実を見かけないのだ。

葉

針葉樹の一種の割に平たく柔らかいのでチクチクしたりしない。1年中緑色の葉を保ち、葉は込み入っている。

花

5～6月に開花。雌雄異株でそれぞれに花が咲く。雄花は房のような形で、雌花は単独で咲く。写真は雄花。

幹

刈り込まずにほっておけばこんな大木に育つ。ねじれるようにして伸びていくため材木としての価値は低い。

おいしいゼリーは、どこかへ運んでもらうためのお駄賃

イヌマキのこの2色団子の赤い部分は、花托（かたく）がまるで果実のような姿をしているもの。花托というのは、花びらを支える台のような部分のこと。茎の延長のようなこの部分が発達して、果実のように甘くなる種類の植物が時々ある。リンゴもそうだ。リンゴの本当の果実はタネの周辺にある硬くて食べられずにカットして捨てる芯のような部分で、私たちが食べている部分は花托が成長したもの。イヌマキの場合も赤い部分がやはり甘くておいしい。ゼリー質で鳥やタヌキはもちろんのこと、人間でも食べられる。ただし緑色のタネには毒がある。鳥においしい部分と一緒にタネは食べられ、遠くに運ばれるシステムなのだ。

相棒

タヌキのような哺乳類は丸ごと食べてタネだけ糞として出す。野鳥も丸のみするが、甘い部分だけキレイに食べてタネを捨てることもある。

実

赤い花托が、果実と同じように甘く動物達を引き寄せる役割を果たす。熟して色が赤から紫に変わったものもある。

イヌマキの木の実を拾ったら

おままごとに使う

木の実はそのままお団子のよう。小さな葉っぱに乗せて「お団子」に見立てて遊ぼう。でも何よりも、このイヌマキの実を探すこと自体が楽しい！大量に拾えるもの、というよりもレア感があるので、イヌマキ団子探しをしてみては？ 葉っぱは折れば手裏剣が作れる。

間違えやすい木の実

【ラカンマキ】

イヌマキの変種で、やはり庭園や生垣に使われることが多く、一見するとほとんど同じで見分けにくい。イヌマキに比べると、葉は半分ほどと短い。また実がなることが珍しい。

BRAMBLE

Rubus

※イラストはフユイチゴ

キイチゴの仲間［木苺］

バラ科　落葉広葉樹　低木　30～60m

見つけやすさ ◆◆◆

木の実の大きさ：直径1.5㎝
木の実の時期：5～7月
分布：北海道～九州
見られる場所：野山
原産地：アジア、アメリカ、欧州
別名：ラズベリー、ノイチゴ
花言葉：謙遜

甘酸っぱい野山の強者軍団

キイチゴは世界中で愛され甘酸っぱい木の実をつける。逆にいえば、どこにでも生えている。荒れた土地に真っ先に乗り込み、酸いも甘いも知っている強者だ。

木の実

キイチゴの木の実は粒の大きさや色は違えど、大体似通っている。写真はモミジイチゴ。1個ずつタネを含んだ小さな果実が集まった集合果だ。

果実

キイチゴの仲間は、ほとんどが春から夏に実を熟す。でもフユイチゴのように冬に実をつけるものもある。写真はニガイチゴの果実。

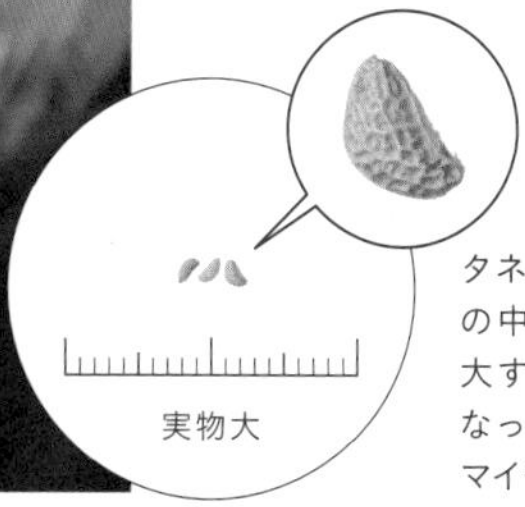

タネ

タネは1粒ずつの果実の中に入っている。拡大すると編み目模様になっている。写真はクマイチゴのタネ。

キイチゴとイチゴは何が違う？

みんながよく知っているイチゴは野菜。果肉に見える部分は花の根元の土台が肥大化したもの。その表面に大量なタネを張りつけている植物界では結構変わったヤツだ。そんなイチゴが草なのに対して、キイチゴは名の通り「木」だ。キイチゴは、クマイチゴ、クサイチゴ、モミジイチゴ、ニガイチゴ、フユイチゴなどを総称するグループ名。ところで草と木の違いはなんだろう？ ざっくりいえば、生きる上での戦略が違う。草は1、2年で枯れて、命のバトンタッチを繰り返すサイクルが早い。だから陣取り合戦も頻繁。木は何十年、何百年という単位で成長し、幹を太らせていく。一度そこに生えたらその場所をなかなか譲らない。ところがキイチゴは木なのに寿命が短く、数年で枯れてしまうこともある。その上、山火事で焼けたり、崖崩れなどで地面が荒れた時に真っ先に入ってくる、まるで雑草のようなパイオニア植物なのだ。

場所を陣取り、入り込む隙を与えない

キイチゴは、とても乾燥に強い。他の植物なら手が出せないような日差しのキツい斜面でも実をつけ、数で勝負する。まるで草のように早いサイクルで果実をつけ、たくさんのタネをばらまく作戦だ。野鳥、タヌキ、ネズミ、イタチ、シカ、イノシシ、人間となんでもこい。何しろタネが落ちさえすれば、場所の条件はほとんどない。しかも1粒食べてもらえば、糞の中には大量なタネ

が入っている。野山でキイチゴを見かけた時、大抵、1本ではなく、かなりの数のキイチゴが同時に見つかるはずだ。仲間同士で陣取り合戦をしながら枝葉を伸ばし、周囲の日当りを悪くして他の植物の入る隙間をなくしてしまう。

とにかく数で勝負。みんなにエサを分配して繁栄する

かなりやっかいな先駆者だが、赤い木の実はジャムなどにすればおいしいため、人間に根こそぎ刈り取られる心配は少ない。万が一、刈り取ろうとしても樹木なのでそこそこ強く、チクチク刺さる刺が刈り取る気持ちを萎えさせる。おまけに仲間の中には冬に実をつけるフユイチゴなんてヤツもいる。草と木のいいとこどりの強さを持つキイチゴ軍団に敵はいないかもしれない。

キイチゴの木の実を拾ったら

ジャムを作ってみよう

キイチゴの木の実を集めてジャムにすればいわば天然のフランボワーズジャムができる。クサイチゴ、クマイチゴ、モモジイチゴなどを集めたらよく洗って砂糖で煮詰めてパンにつけたり、アイスに乗せたら最高！

間違えやすい木の実

【ヘビイチゴ】

ヘビイチゴは野山だけでなく、公園などにも生えている草。毒があると思っている人もいるが毒はない。花びらは黄色く、果肉に見える部分もよく見てみるとキイチゴ軍団とはちょっと異なる。

花と葉

白い5枚の花びらでイチゴの花と似通った姿。ほとんどの種類が4〜6月に花を咲かせるが、フユイチゴは秋に花を咲かす。イチゴの葉に似た三つ葉。茎や枝には細かい刺があり、葉も触るとチクチクするものが多い。上に伸びるというよりも地面を覆うように横に広がる。フユイチゴは刺がなく、葉の形も他とは異なる。写真はクサイチゴの花と葉。

Chocolate vine

Akebia quinata

アケビ［木通、通草］

アケビ科　つる性落葉広葉樹　3〜15m

見つけやすさ　◆◆◇

木の実の大きさ：約10㎝前後
木の実の時期：9〜11月
分布：本州〜九州
見られる場所：山、庭など
原産地：日本、中国、朝鮮半島
別名：あけみ（開け実）
花言葉：才能

パカッと割れて食べごろを教える動物に人気の木の実

人間はもちろん、里山に暮らすサルやクマ、メジロやヒヨドリなどの甘党な鳥たち、アリまでも虜にして、子孫繁栄を成し遂げる食べ応えのある、おいしい果肉が武器。

木の実

バナナと同じように、柔らかくも分厚い皮の中に果実があり、熟すと割れて中の白い果肉が食べられる。その中に無数の黒いタネが入っている。

タネ

5mmほど。果肉がとろっとして、タネはつるつるしているため、滑って口の中に入り、噛み砕かれることはあまりない。

つる性なのに樹木。折れずに、切れずに、長く伸びる

アケビの特徴は大きく2つある。1つはつる性の樹木だということ。樹木は長い年月をかけて硬く幹を太らせ、大きく太く育つというイメージがあるが、アケビはもっとゆるい生き方だ。朝顔などつる性植物のようにクネクネと他者に巻き付きながらも幹は木質で強く、簡単には折れたりしない。またつる性の特色を生かし、他の木などに巻き付いてコスパよく生きているため生育も早い。他の樹木たちは根付いた場所から移動できないのに対し、アケビは地べたを横ばいに伸びることもできるし、混み合った薄暗い林の中では木々を渡り伸びて、太陽の光を浴びる特等席に行くこともできるのだ。年輪もないため、樹齢もよく分からない。

二段仕掛けのエサで、タネを遠くに運んでもらう

2つ目の特徴はタネをばらまくルートがたくさんあるということ。今でこそアケビは貴重な秋の味覚になってしまったが、年寄りなら誰もがよく知る山の果実。昔はコンビニもなく、今よりも自然に近い生活をしていたため、甘いものを食べたければ野山になっている柿や木いちご、山ぶどう、アケビなんかを食べていた。パカッと口を開けた中には、甘い滑らかな白い果肉がたっぷり入っており、タネを運んでもらう報酬としてごちそうを与える。

花

開花は5月。雄花は先の方に十数個咲く。大きな花が雌花。雌しべは数本あり、果実が数個なることも。

葉

葉は丸みを帯びたものが5枚1組になっていて見分けやすい。庭に植えている人もいるのでじっくり観察しよう。

幹

細い管を束ねた幹はしなやかで丈夫。構造上、生育も早く、曲げにも強いため、カゴなど工芸品の材料などにも使われる。

人間なら果肉の中にあるタネを口からはき出し、動物ならタネごと丸のみにして糞としてタネが落ちる。この時点でかなり遠くまでタネを運ぶことに成功したわけだが、さらに続きがある。そのタネにはエライオソームというアリの好物がついており、アリにタネを運んでもらいうという二段仕掛けだ。

タネを少しでも遠くへ運ばせるメリット

どうしてタネを遠くへ運んでもらいたいかといえば、親子共に生き残るためだ。すべての植物のエサは「水」と「光」と「土壌の栄養」。つる性のアケビは他者を利用して、伸びていく性質のため、もし近くに我が子が生えれば、我が子が自分に寄りかかり競争に負けて枯れるかもしれない。人も植物も子どもは親元から離れた方が上手くいくのかもしれない。

相棒

サルやクマなどの野生動物たちと、タネを運ぶアリ。野鳥も遠くへとタネを運んでくれる。人間は効率の悪い相手。

果肉

ゼリー質の果肉の中には、黒い粒のタネがたくさん。動物達はそのまま食べて、タネだけ排出される仕組み。

アケビの木の実を拾ったら

食べてみよう

野山になっているアケビを食べることは難しいので、秋になったら農協などに出向いて売っているアケビを食べてみよう。不思議議な食感で驚くかも。

間違えやすい木の実

【ムベ】

アケビが落葉樹なのに対して、ムベは1年中緑の葉をつける常緑樹。また果実が熟して食べごろになっても皮が割れたりしない。

【ミツバアケビ】

一番大きな違いは、葉の枚数で分かる。名の通り、ミツバアケビは葉が3枚。アケビは5枚で葉1枚の形もまったく違う。また花も濃い紫。

Camphor Laurel

Cinnamomum camphora

クスノキ［楠］

クスノキ科　常緑広葉樹　高木　10〜35m

見つけやすさ　◆◆◆

木の実の大きさ：直径8mm
木の実の時期：10〜12月
分布：関東〜沖縄
見られる場所：神社や街路、公園
原産地：日本、中国、朝鮮半島、ベトナム
別名：ナンジャモンジャ
花言葉：芳香

神社や公園などでよく見かける

千年以上生きるクスノキは
御神木や天然記念物になることも。
神々しく思えるが、
その生態もおおらかで謎も多い。

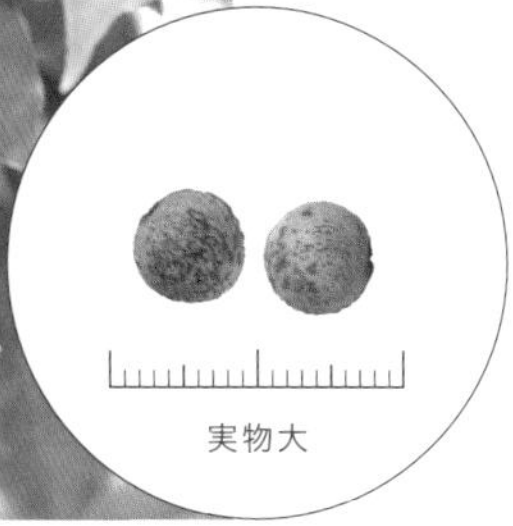

木の実

しっかりと木の実を支える根元が特徴。木の実の中には油分豊富なクリームが入っており、その中には1粒のタネ。

タネ

タネはまん丸で、うっすらうずらの卵のような柄がある。

長く生きて、大木になる

神社や大きな公園に行けば、必ずといっていいほどある樹木。神社の御神木や天然記念物に指定されるクスノキも多い。よくある反面、大きい樹木で葉や木の実が高い位置にあるため、小さな子どもにはあまり認識されていない。別名「ナンジャモンジャ」と言われることがあるのも、もはやいつからそこに生えていて、何の木か分からないほどに長生きしていきるからだろう。よくタンスなどに入れられる虫除けの樟脳(しょうのう)の原料にもなっているため、害虫による被害も少ない樹木。耐久性も高く、海中の宮島（厳島神社）の鳥居もクスノキでできているほど。そんなクスノキには不思議なことが色々ある。

葉にたくさんのダニを住まわせている

クスノキは虫除けにも使われる成分を持っているくせに、葉の葉脈のところにいくつものダニポケットを作り、たくさんのダニを住まわせている。まるでダニのタワーマンションだ。そのダニは虫こぶを作る草食系のダニで、いわばクスノキの敵。研究者の間でもなぜそこに飼っているのか謎だ。ある時期になるとダニ部屋の入口を閉じ、1年に1度決まったサイクルで、新緑の季節に必ず古い葉を落として一新する。常緑樹なのに。これだけ聞くと、ダニを飼っているというよりは、布団に入れるダニホイホイのようにおびき寄せて閉じ込めたら、ポイッと葉ごと捨ててダニを駆

花

開花は5月。花はクリーム色で5mm程度。巨木のため、こんな小さな花が咲いたことに気付く人は少ない。

葉

三本の葉脈が目立ち、特徴的なスーッとした香りがする。葉の裏にはダニが住むダニポケットがある。

幹

暗い褐色で、縦に筋が入る。大木となるため御神木とされることが多い。主に神社、学校、公園で見られる。

除しているようにも思える。アオスジアゲハの幼虫はクスノキの葉を食べて育つが、彼らはこの虫除け成分が平気なのだろうか？

落ちにくい形の木の実

また自ら不要な枝を落として剪定もする。木の実も不思議な形だ。大抵の木の実は枝から落ちやすくなっているが、このクスノキの木の実はタネの入った部分がガッチリ固定されて、風などで落ちにくい構造になっている。そのため周囲においしい木の実がなくなった頃、油分が多いクスノキの木の実が残っている。鳥に聞いた訳ではないが、「まあ、クスノキでもいいか。食べられるし、栄養もつくから」といった感じかもしれない。一見すると堅物そうなクスノキもだが、その生態は結構面白い。

果実

指につけるとクリームのような感じで、油分が多い。その中にタネが1粒入っている。

相棒

キジバト、カラス、ヒヨドリなど。長い期間、木の実をつけているため渡りをしない野鳥のエサの拠点となる。

クスノキの木の実を拾ったら

紙鉄砲の玉にして的当て遊び

冬になるとたくさんクスノキの木の実が落ちている。竹などで作った紙鉄砲の玉にして、的当てをして遊ぶと面白い。また葉は本に挟めば、防虫効果のあるしおりとして使える。

間違えやすい木の実

【ローリエ】

月桂樹と呼ばれるハーブで、クスノキと似た仲間。乾燥したものを西洋料理の調理に入れることがある。葉の形は似ているが、花や木の実はかなり異なる。

【タブノキ】

クスノキによく似た木の実がなるが時期が異なり初夏。クスノキよりも葉が細長く、マテバシイにも似る。

JAPANESE APRICOT

Prunus mume

ウメ［梅］

バラ科　落葉広葉樹　小高木　3〜10m

見つけやすさ ◆◆◆

木の実の大きさ：直径3cm
木の実の時期：6月
分布：北海道〜九州
見られる場所：山地、庭、畑、公園、社寺
原産地：日本、中国、朝鮮半島
別名：ニオイザクラ、花の兄、春告草など
花言葉：上品

薬や神様扱いの役に立つ木の実

おにぎりの具としてお馴染みの梅干し。
あの梅の花の後になる木の実だ。
梅の核は別名「天神様」。
中には学業の神様がいる？

木の実

季節になるとよく青梅として売られている。この状態の果肉は青酸という毒を含むので絶対に食べてはいけないが、不思議なことに塩や砂糖でつけるとおいしくなる。

実物大

タネ

果肉の中には、非常に硬い殻がある。ここを仁（にん）と呼び、その中にタネがある。仁は天神様とも呼ばれている。

花も木の実も愛されている人気者

梅は桜と同じくらい日本人に愛されている樹木だ。花見といえば桜だが、その一歩手前の2月頃から全国で梅の見頃が訪れる。花は紅白あるため、和菓子のモチーフや布の柄などにも使われたり、「松竹梅」と例えられるなど、縁起が良い印象を持つ。白いご飯に梅干しを乗せれば「日の丸弁当」。そんな日本文化に欠かせない梅だが、もとは中国から食あたりや下痢止めなどの薬として入って来た。未熟な青い梅の実は強烈な毒を持つが、それを塩に漬ければ梅干しに、砂糖につけることで梅シロップ、酒につければ梅酒ができあがる。

梅の実が食べ頃に降る雨を「梅雨」と呼ぶ

梅の実が熟すのは6月頃の梅雨時期。雨の前に「梅」という文字が使われているように、昔の人にとって梅は大切なものだった。この梅雨時期に梅は自然と地面に落ち始める。落ちたばかりの梅の実はとてもいい香りがする。この香りで「食べ頃だよ」と野山の動物たちに知らせる。果肉の中には硬い核があり、表面がデコボコしていて果肉がなかなか剥がれない。これも動物たちに持って運ばせるための工夫ではないか、といわれている。ちなみに青梅はまだ未熟な状態。中にあるタネもまだ未熟なため、枝にしっかりついている。毒があるのは動物達に「まだ準備ができていないから、今はまだ食べるなよ」のサイン。ちゃんと熟せば毒はな

葉

楕円形で不規則なギザギザがある。葉は柔らかく葉脈が出て、裏葉には産毛が生えている。紅梅の新葉は赤くなる。

花

1～4月に開花。いち早く春の訪れを知らせる象徴として、梅の花とウグイスがよく描かれるが、実際によく来るのはメジロ。

幹

幹はゴツゴツしている。剪定することで樹形がよくなることから「サクラ切る馬鹿、ウメ切らぬ馬鹿」という。

くなる。それなのにそんな青梅を無理矢理枝からもぎ取り、漬け込んで毒を帳消しに食べてしてしまう。人間は怖い生物だ。

タネを守る頑丈なカプセルがある

植物にとって、一番大事なことは子孫繁栄。つまりタネをいかに芽吹かせるかが一番重要なことだ。大切なタネを動物達に食べられないようにと歯でも簡単に割れない頑丈な核で守った梅の策略は分かるとして、でも、こんな獣の歯でもなかなか割れないほど硬い核の中から、どうやって芽吹くというのか？　同じ仕組みを持つものとしては、桃やアーモンドなどがある。これらには硬い殻から芽を出すための発芽孔という穴があり、内側から芽の力で割れてちゃんと芽を出せるようになっている。

相棒

タヌキやサル、シカ、イノシシといった哺乳類、野鳥など。花が咲く時期は昆虫が少なく、鳥が受粉を手伝う鳥媒花。

果実

食べ頃になると芳醇な香りを放ち、動物達をおびき寄せる。未熟な青梅には青酸が含まれ生で食べると死ぬことも。

ウメの木の実を拾ったら

キレイに洗って砂糖につけてみよう

1つ以上拾ったら、キレイに水で洗ってヘタをとり、水気をよく拭き取ったら消毒した瓶の中に入れて砂糖をふりかけてみよう。砂糖の目安は梅の重さと同じ量。その状態で1ヶ月暗い場所に置いておくと、梅シロップのできあがり！水で割ればジュースに、スプーンで飲む腹痛薬にもなる。半年から1年で飲めるようになる。

間違えやすい木の実

【モモ】

梅よりも遅くに花が咲くが、花の雰囲気はよく似ている。また若い木の実の状態や匂いも似ている。桃の葉は梅の葉に比べるともっと細長い。

JAPANESE YEW

Taxus cuspidata

イチイ

［1位］

イチイ科　常緑針葉樹　高木　1～20m

見つけやすさ ◆◇◇

木の実の大きさ：直径1cm
木の実の時期：9～10月
分布：北海道～九州
見られる場所：公園、里山、生垣、庭木
原産地：日本、中国、朝鮮半島
別名：オンコ、アララギ
花言葉：悲しみ

小さな赤い鈴の中に隠し持った猛毒

小さく可愛い赤い実。でもこの姿形をよく覚えてご用心を。食べれば命の危険があるごくありふれた庭木だ。

木の実

赤い外側の部分のみ食べられる。でもおいしいからと丸ごと食べてはいけない。内側の黒いタネ、葉、幹にいたるまで有毒。

タネ

黒いタネには強烈な毒がある。誤食するとめまい、嘔吐、痙攣などを起こす。大量に摂取すると死ぬことも。

イチイは、ナンバーワン！

イチイの幹は密度が詰まっているため工芸品や神社仏閣の建材に使われる。イチイの別名は「笏の木（しゃくのき）」。献上用の笏（しゃく）をこの木で作ったところ上質だと最高位の「一位」を授かったことから「イチイ」となったという。そんな由来から出世、開業などにもいい縁起木といわれる。

まるでクリスマスツリーのような樹木

イチイの木はまるでクリスマスツリーのような見た目。常緑で丈夫なため公園や庭木にも使われやすい。猛毒な木の実がなるというと「そんな危ない木はすぐ公園から撤去して！」という人がいるかもしれない。でも注意するのは簡単だ。食べなければいい。相手はヘビのように牙をむいて襲って来るわけでも、スズメバチのように猛スピードで飛んで追いかけてくるわけでもない。植物はそこから一歩も動けない。目の前に腰をおろし、じっくりと観察して、つんつん突いたり、触っても別に問題はない。そう思えば怖くない。むしろ観察してその特徴を覚えておいた方が得策だ。どんなにお腹が空いても、うっかり道端のものを食べないように。その一点のみで植物やきのこの毒には対処できる。

幹

枝の感じはモミの木などにも少し似ている。山の斜面などに生えることがあり、赤い実は子どもの興味をひく。

花

3～5月に開花。雄花は黄色い球形で、雌花は緑色の楕円形。花はあまり目立たない。

葉

葉は平らで細く、ビッシリ左右に生える。先は尖っているが松の葉のように痛くなく、手触りは柔らかい。

案外、身近に毒を持つ植物は多い

私たちの周辺には、案外、有毒の植物は多い。学校でお馴染みのアサガオやレンゲツツジ、花壇でよく見かけるスズラン、スイセンなども猛毒を持つ。よく考えてみれば、漢方などの薬の多くは植物由来。毒と薬は紙一重だ。上手く使えば薬になり、量を間違えれば毒となる。イチイが森に自生することもあるのは野鳥が散布しているためだ。毒のある木の実を食べても鳥はなぜ平気なのかと言えば、毒が平気というより、丸のみしているため。鳥は飛ぶために消化を早くしなくてはならず、飲み込んだものを早ければ5分程度で糞として出すという。長くお腹の中に蓄えていては、体が重たくて仕方ないのだ。もしイチイがパートナーを選ぶなら、タヌキなどよりもタネを丸のみして遠くまで素早く飛んで行ける鳥の方がいいだろう。毒は大切な種を守るための手段で、果肉は種を運んでもらう鳥に与えるエサだ。

相棒

レンジャク類、アトリ類、ムクドリ、ツグミ、ヤマガラ、ヒヨドリなど、この実を好んで食べる野鳥は多い。

実

実がつくのは10月頃。赤い実の下に穴が開いており、そこから中に埋もれた黒い種が見える。

イチイの木の実を拾ったら

リースにしてみよう

庭木など取ってもいい場所に赤い木の実がついたイチイを見つけたら、ハサミで枝を切って、丸く輪を作り、クリスマスリースとして玄関などに飾ってみよう。とても簡単にリースっぽくなり、運がよければ野鳥が木の実をついばみに来ることも。

間違えやすい木の実

【カヤ】

神社などに生えており、葉の印象がとても似ている。ただイチイよりも葉が硬く、先端が尖っていて、触ると痛いのが違い。また木の実の見た目もまったく異なり、楕円形で緑色。食用になる。

WILLOW

Salix sp.

※イラストはネコヤナギ

ヤナギの仲間［柳］

ヤナギ科　落葉広葉樹　高木　3～20m

見つけやすさ　◆◆◆

木の実の大きさ：直径1～3㎝
木の実の時期：10～12月
分布：北海道～九州
見られる場所：水辺、街路、公園
原産地：中国
別名：イトヤナギ
花言葉：自由

ケセラン・パサランの正体

ケセラン・パサランとは江戸時代から謎の生物とされるふわふわの物体。見ると幸せになるという。

木の実

パッと見た感じは木の実というよりは、枯れた花のよう。房のようなものの中に綿毛とタネが詰まっている。

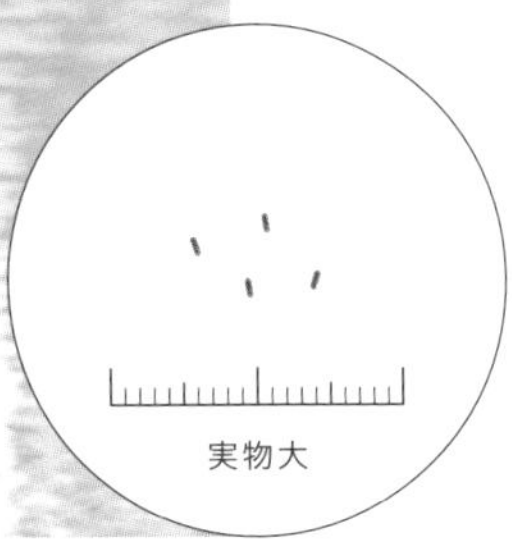

タネ

無数の小さなタネが、ふわふわの綿毛に混ざっている。放出される時は、綿毛に包まっている。

ふわふわのベッドに包まれたタネ

ヤナギといえば、川辺で枝が垂れて風になびく、シダレヤナギのイメージ。今ではは街中ではそれほど見かけない樹木かもしれないが、昔はヤナギの下にはどじょうや幽霊がいるなどたとえ話に出るほど、とても身近な樹木だった。日本にあるシダレヤナギは中国から来た雄株ばかりで木の実がつかないが、他にも日本にはヤナギの種類がたくさんある。多いものでは、カワヤナギ、ネコヤナギなどがあるが、いずれもヤナギ特有のタネの付け方をする。それはたくさんの綿毛の中に、パラパラと小さなタネを混ぜ込む、という変わったものだ。タネを果実の中にパラパラとランダムに混ぜ込むものといえば、パッションフルーツなどが思い浮かぶ。果実を食べた動物にタネも一緒に飲み込ませて、糞から外へ出て遠い場所へ運んでもらうのだ。でも綿毛は風散布。そんな綿毛の中にバラバラにタネを混ぜ込むのは、運任せにもほどがある。

1房の中に数百個ものタネを持つ

ふわふわの綿の中に包まれたタネの大きさは1㎜程度。その綿が風に舞って着地した場所によってタネの運命は決まる。少し湿り気のある場所ならすぐに芽を出す。もし運悪く乾燥した場所に落ちてしまったら、そのタネの寿命はそこで終わり。ヤナギが川辺によくあるのも、ヤナギが荒れ地を行ったり来たりする生き方だからだ。昔は自然の川辺が多く、ヤナギは川に沿って繁殖を繰

花

開花は3～4月頃。雄雌異株。花びらはなく、雄しべと雌しべが房となって連なってねこじゃらしのよう。

葉

ヤナギの種類で葉の形は大きく異なるが、一般的には細長い。裏は白っぽい。

幹

しなやかな枝を持ち、伐採しても、幹から新たな芽を出す。

り返してきた。ふわふわの綿は川の涼しい風によって綿毛は遠くまで飛ばされ、川の反対側や中州などに落ちる。万が一、川の表面に落ちても、ふわふわの綿でしばらくは川の表面に漂って、運が良ければ川の流れに沿って遠くまで旅する。下手な鉄砲も数打ちゃ当たる方式で、子孫を増やして来た。

川辺が減って、ヤナギも居場所を失った

江戸時代から言われる謎の生物「ケセラン・パサラン」は、ヤナギの綿毛ではないかと言われている。そんなヤナギも多くの種類が絶滅危惧種に指定されている。それは河川工事や川辺の減少によってヤナギの生きる場所もなくなってしまったためだ。そしてケセラン・パサランもいつか忘れられるのかもしれない。

果実

果実のような果肉はない。房のなかにはたくさんの綿とタネが詰まっている。写真はミヤマヤナギ。

相棒

自然のままの川辺には土があり湿り気があり、川に吹く風はヤナギにとって最高の相棒だ。

ヤナギの木の実を拾ったら

触ってみよう

シダレヤナギの木の実を見つけることは案外難しいので、ネコヤナギの花を見つけたら、触ってみよう。本当にふわふわの動物のような感触で面白い。写真は花穂で、タネができると、もっとモジャモジャな状態になる。

間違えやすい木の実

【ガマ】

水辺の草といえば、フランクフルトのような形のガマ。見た目はまるで違うが、綿毛となって飛んでくタネの様子は、ヤナギとよく似ている。

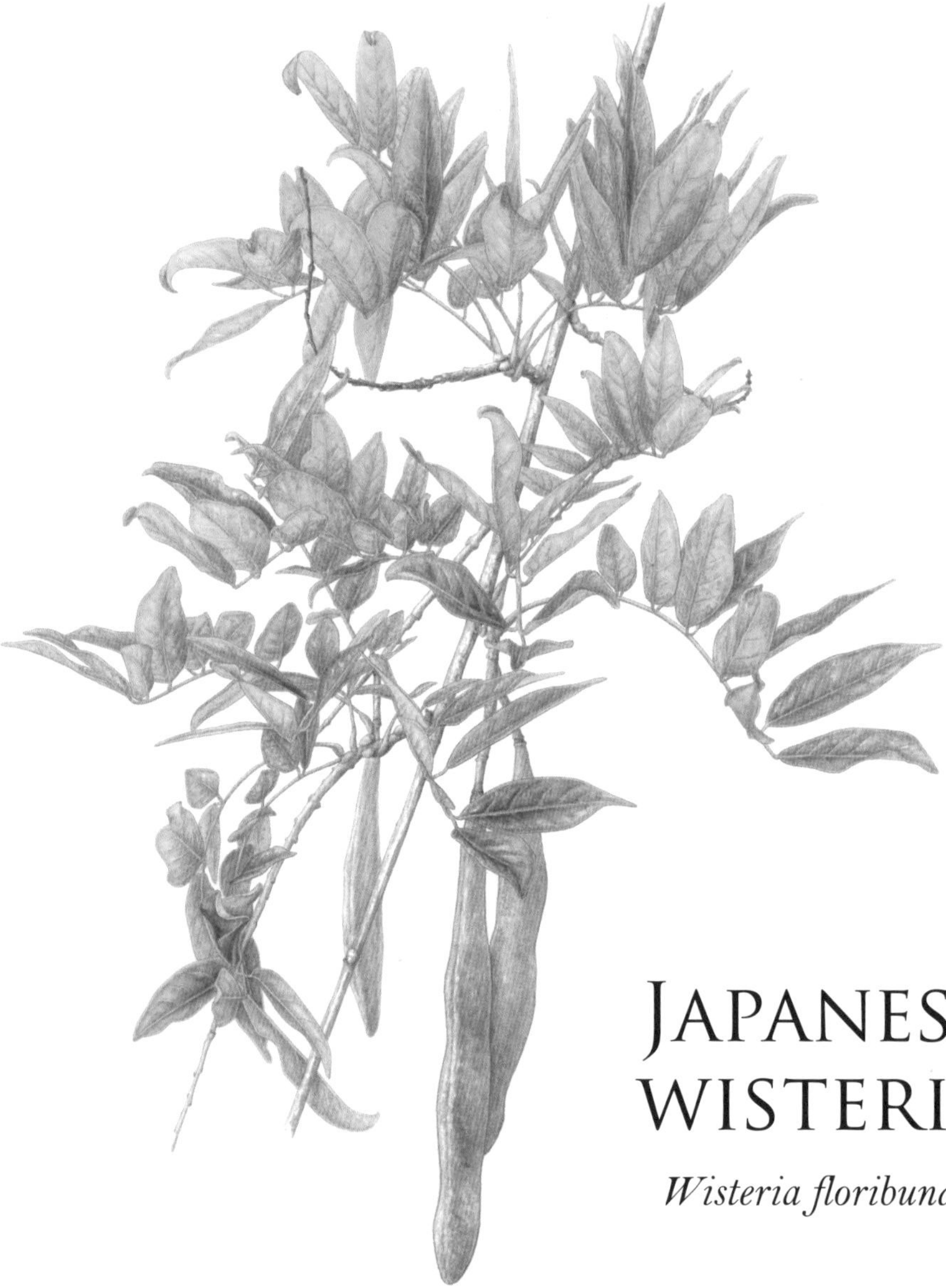

JAPANESE WISTERIA

Wisteria floribunda

フジ［藤］

マメ科　つる性落葉広葉樹　10〜20m

見つけやすさ　♦♦♦

木の実の大きさ：さやの長さ10〜20cm
木の実の時期：11〜1月
分布：北海道〜沖縄
見られる場所：公園、庭園
原産地：日本
別名：マツナグサ、ノダフジ
花言葉：優しさ

ぶら下がる大きな豆

藤は桜と並び、日本らしい花の一つ。
はかなげで、繊細。
そんなイメージとうらはらに、
木の実はちょっと怖いくらいに大きな豆が
ぶら下がり、風にゆらゆら揺れている。

木の実

細長いさやがたくさんぶら下がる。中に豆が入っているボコボコとした形。

タネ

さやの中には黒い碁石のような丸いタネが数個入っている。

花と木の実にギャップがある

藤は公園や日本庭園ではよく見かける花。万葉集にも歌われ、日本の伝統色でも「藤色」といえば、昔から高貴な色として日本人に愛されてきた。つるを張り巡らせて日陰を作る藤棚なども休憩場所などでお馴染み。優雅に淡い紫色の花が房になって垂れる風景は、とても情緒があって幻想的。鬼を退治するとある人気のアニメでも、藤の花が鬼を近づけぬ役割として特別な描かれ方をしていた。可憐で上品で高貴な女性のイメージを持つ藤だが、花と木の実ではギャップがある。意外なまでに大きな豆がずらりとぶら下がる姿は、なんだか少し奇妙に思える。

特徴的なマメ科の花

藤から豆?と思うかもしれないが、藤はマメ科。野山や雑草に詳しい人なら、藤の花の形をよく見てみれば、マメ科ならではの共通する形に気付くだろう。身近なところでは公園でよく見かけるカラスノエンドウやヌスビトハギ、スミレなど、似た花の形をして、やはりさやの中にタネを収納している。畑をする人ならさやえんどうや大豆など、どれも花は似た形で紫色が多いことに気づくかもしれない。マメ科の花は見た目もキレイだが、大抵おいしい蜜を持ち、来てほしいハチによく分かる目印をつけ、他の虫には着陸しにくい奥まった形にしている。マメ科の花は複雑な構造なので、ハチなどの賢い昆虫でないと蜜にありつけない。花弁

花

開花は4～5月頃。花が集まり大きな房となる。直射日光の差す場所を好む。上に目印を立てて、ハチに蜜のありかを教える。

葉

小さな細い葉が左右に10枚以上集まる。つる性の落葉樹のため、あまり葉に注目が集まることはない。

幹

つる性のため、寄りかかる木や柵があれば、どんどん伸びて、樹木化していく。とても丈夫でロープにされることも。

を足で押し下げて花を開き、花の奥の蜜を吸う。その出入りの際にたっぷり花粉がつくわけだが、ハチは頭がいいため、おいしい蜜の花の特徴を覚えて次々と立ち寄るため、受粉が効率よくできる。また紫色はハチによく見える色だといわれている。

パン！と音がして、豆が飛んで来る！

マメ科の植物は痩せた土地に入り込みやすく、そこでつるを這わせて伸びていく。おいしい豆をつけて、動物との関わりも多いマメ科は戦略家だ。動物に運ばせる以外にも、藤の木は自らタネをはじき飛ばして散布する。長いサヤは緑色の頃は真っすぐ垂れ下がっているが、冬になって完熟すると茶色く乾き、やがてパン！と音を立てて、ねじれて2つに裂ける。その動力を使ってフリスビーのようにタネを遠くへ投げ飛ばすのだ。

果実

さやの周りはビロードのような毛で覆われている。枯れてタネを飛ばしたさやが、ねじれて落ちている。

相棒

体の大きなクマバチが一番の相棒。クマバチのお腹に花粉をたくさんつけて運んでもらう。タネは動物も運ぶ。

フジの木の実を拾ったら

植木鉢に植えてみる

フジのタネを拾ったら、おはじきなんかにも使えるが、試しに植木鉢に植えてみよう。マメ科のタネは簡単に芽が出やすい。もし芽が出たら、大切に育ててみるもよし、誰かにあげてもいい。

間違えやすい木の実

【クズ】

秋の七草。樹木ではなく草。フジとクズが絡み合ってどうにもならないさまを「葛藤」という。

【ヌスビトハギ】

大きさも形もまるで違うので間違えることはないが、公園や野山でよく見かけ、タネがマジックテープのように服や犬の体についてくる。

KOREAN SWEETHEART TREE

Euscaphis japonica

ゴンズイ［権萃］

ミツバウツギ科　落葉広葉樹　小高木　2〜8m

見つけやすさ　◆◆◇

木の実の大きさ：直径2〜3cm
木の実の時期：9〜10月
分布：関東〜沖縄
見られる場所：野山、林
原産地：日本、中国、朝鮮半島
別名：クロクサギ、狐の茶袋
花言葉：一芸に秀でる

色使いで鳥を見事に騙す

果肉のないブカブカの赤い袋にくっついた黒いタネ。
この変わった木の実で鳥を騙してタネを運ばせる。

木の実

3つの肉厚な袋のような形状の皮の中には、ツヤツヤのタネが1〜2粒ずつ入っている、というか皮にくっついている。

タネ

タネはすべすべして硬い。鳥のお腹の中でも消化されることなく、糞として排出され芽吹く仕組み。

ヘンテコな形と構造を持つ木の実

ゴンズイといえば魚を思い出す人もいるかもしれない。キレイな海の中で球状の群れをなし泳ぐ毒針を持った小さな魚。このゴンズイが網にかかると取るのが一苦労な割に、身が小さすぎて食べにくいことから、漁師には「役に立たない魚」とされている。植物のゴンズイも食べることもできない、薬にもならない、そんな訳で不名誉にもそんな魚と同じ名前をつけられてしまった。ゴンズイの特徴といえば、やはり変わった形の木の実。ホオズキやフウセンカズラのように、小さな袋を3つセットにし、タネの準備ができると、その袋を開いて中身をあらわにする。中にはおいしい果肉などは一切入っておらず、黒いタネが1粒だけ割けた縁にくっついている。

「赤×黒」の2色効果で、おいしさを演出

これがお菓子なら「なんだ、空っぽでハズレだ」と言いたいところだが、このゴンズイは野鳥にはそこそこ人気。おいしい果肉もない、タネ自体も硬くて食べられず丸のみして糞から出るだけ。ではなぜ鳥がついばむのかといえば、ヒミツは赤と黒の組み合わせにある。ふっくら柔らかそうな赤い皮と、ツヤツヤと光る黒いタネは遠目にはみずみずしいベリーに見える。そこに緑の葉が加わり食欲倍増。紫や黒はその木の実が熟れた色。それが数個まとまってついている。ちなみに房は一度に割れず、時間差で割れる。

葉

葉は左右対称に生え、固めでふちには細かいギザギザがある。ちぎると臭い匂いがすることからクロクサギと呼ばれる。

花

開花は5月。花は黄色っぽく小さい。咲いていてもつぼみのままのようにも見える。

幹

樹皮が灰緑色で縦に白っぽい線が入る。この模様が魚のゴンズイに似ているから名付けられたのでは、という説も。

食欲のわく色、危険な色も組み合わせによるもの

ゴンズイの赤と黒の組み合わせを見た鳥は、思わずついばまずにはいられないのだろう。人間の世界でも視覚的に双方を際立たせたり、相乗効果で目立たせるような2色使いをすることがある。ちなみに人間の赤ちゃんも、まだ視力が定まらない頃は赤と黒の組み合わせが認識しやすいそうだ。お母さんが良かれと思って無垢材で無塗装の積み木を与えても、なんだか赤と黄色、青と黄色などの派手な色のおもちゃに手を伸ばすのはこのため。また黄色と黒の組み合わせは危険を感じる。スズメバチや毒蛇といったバイカラーの危険生物が多く、それを模倣して本当は毒がないのに危険なバイカラーを上手く使い「毒があるから食べるなよ」と偽っているものもいる。

相棒

ヒヨドリ、メジロなど。タネを食べて運んでもらい、遠くで糞として落としてもらえば栄養付きでまさに一石二鳥。

果実

果肉にあたるものはない。袋そのものには味はなく、赤いおいしそうな色はまったく見せかけ。

ゴンズイの木の実を拾ったら

ついでに「ゴンズイ」という魚について調べてみる

まったく同じ名前を持つ「役に立たない魚」とはどんなものかを図鑑などで調べてみよう。魚のゴンズイは役に立たないというより、かなりやっかいなヤツ。魚釣りでは結構釣れる。浅瀬に群れで泳いでいるので網で一挙にすくいたくなるが間違っても素手で握ってはいけない。背びれと胸びれに毒針があり、刺されるとかなり痛いので姿を覚えておこう。

間違えやすい木の実

【ツルウメモドキ】

皮が割けて開く様子と、花の雰囲気などが似ているが、木の実そのものはあまり似ていないので区別できる。また葉はゴンズイよりもやわらかく、丸い印象。

Japanese pepper

Zanthoxylum piperitum

サンショウ［山椒］

ミカン科　落葉広葉樹　低木　1.5～3m

見つけやすさ　◆◆◇

木の実の大きさ：直径3.5㎜
木の実の時期：10～11月
分布：北海道～九州
見られる場所：林、庭
原産地：日本、中国、朝鮮半島
別名：ハジカミ
花言葉：健康

虫や鳥を呼ぶ、痺れるスパイス

サンショウといえば、うなぎにかける香辛料が浮かぶ。香り高く、ピリッと舌が痺れる。その味が好まれているのかは不明だが、蝶の幼虫や鳥を呼び寄せる。

木の実

ミカン科だけあって、実の表面にはミカンのようなブツブツが見える

タネ

果皮の中には黒いタネが入っている

ピリッと舌が痺れるが、大人と野鳥が大好きな木の実

サンショウは大人には馴染み深い植物だ。うなぎにかける粉山椒、しらす山椒、刺身や煮物の上に若葉を乗せてよく使われていたりする。いずれも使っている部位は違い、しらす山椒などに使われる時はまだ青い木の実を使い、うなぎにかける粉山椒や、麻婆豆腐などに入れる香辛料として使う時は、赤く熟した木の実の皮の部分をすりつぶして使う。いずれも香りが高く、舌に乗せると痺れるような辛さ。ところがこのサンショウの木の実はとても野鳥に好まれる。鳥の舌は痺れないのだろうか？

サンショウがあればアゲハ蝶が来る

野鳥は辛さに強い、という説もあるが、いずれにせよ鳥が食べているのは、香辛料に使われる木の実の皮の部分ではなく、タネの方。それもタネの皮の表面をコーティングしている油を好んで食べているという。そんな薄いものだけ食べても腹の足しになるようには到底思えないが、鳥にとってはいい油。サンショウの香りのいい葉を好むのは、アゲハ蝶の幼虫だ。アゲハ蝶といえばミカンの葉を好む。サンショウもミカン科ではあるが、葉の形状も硬さもまるで違う。茎には刺があるが、大きくなるとその刺は消える。幼虫に葉を食べられて丸坊主になっていることもあり、刺が防御に役立っているようにも見えない。

花

オスとメスはそれぞれ別々の木のため、虫による受粉が必要。1つの花に2つほどの木の実がなる。

葉

左右対称の細かな葉が10枚以上生える。見た目に判別しやすい特徴的な葉なので覚えておこう。

幹

木の枝には刺があり、怪我をしやすいので注意。すりこぎの材料としても使われる。

その刺は何のためにある？

では、その刺は何のためにあるのか？ 今はその刺に意味はないのかもしれない。植物には時々、そんなことが起こる。わざわざ自らのエネルギーを使って作った刺なのだからと、人間は何かそこに意味があるように思ってしまうが、長い年月を経て進化している植物にとっては、「たまたまお試し期間にある機能」の場合もある。やってみたが、あまり役立たない場合でも、明日突然やめる、という訳にはいかない。または元々は意味があったが、周囲の環境の変化で意味がなくなったりすることもある。いつかその機能はじわじわとなくなっていくかもしれないが、今はまだ残っている。もしかしたらサンショウの刺も、そんなものかもしれない。

相棒

タネの散布はキツツキやキジバト、シジュウカラなど油分を好む野鳥。アゲハ蝶にとってはミカン同様に欠かせない産卵場所。

果実

果肉のような肉厚さはなく、少し分厚い皮があり、その中に黒いタネが入っている。

サンショウの木の実を拾ったら

今年のお守りにしてみる

１年の邪気を払うお正月のおとそにも使われるサンショウ。ありがたくその木の実をお守りにしてみるのもいいかもしれない。また葉を手で「パン！」と叩くと香りが立つ。よく板前さんがしている技を真似てみよう。枝からすりこぎを作ることもできる。

間違えやすい木の実

【カラスザンショウ】

サンショウよりも葉も枝もすべてが大きい。木の実や香りなどはほぼ同じ。

【イヌザンショウ】

サンショウに比べると葉の香りがあまりせず、葉の切れ込みが目立たない。

SILVERVINE

Actinidia polygama

マタタビ ［木天蓼］

マタタビ科　つる性落葉広葉樹　5〜15m

見つけやすさ　♦♦◇

木の実の大きさ：直径2.5㎜
木の実の時期：10〜11月
分布：北海道〜九州
見られる場所：山間、里山
原産地：日本、中国、朝鮮半島
別名：ナツウメ、ネコナブリ
花言葉：夢見心地

いろんな仕掛けがたくさん

マタタビといえば猫を酔わせる木の実。たくさん食べれば舌がおかしくなり、花の時期には葉が白く変化する。何かと不思議な樹木だ。

木の実

ドングリのように先端が尖った形。マタタビノアブラムシなどに寄生された「虫こぶ」となったカボチャ型のものもある。

タネ

黒ゴマのような見た目で小さく、動物達に噛み砕かれず、歯の隙間をすり抜けるサイズ。

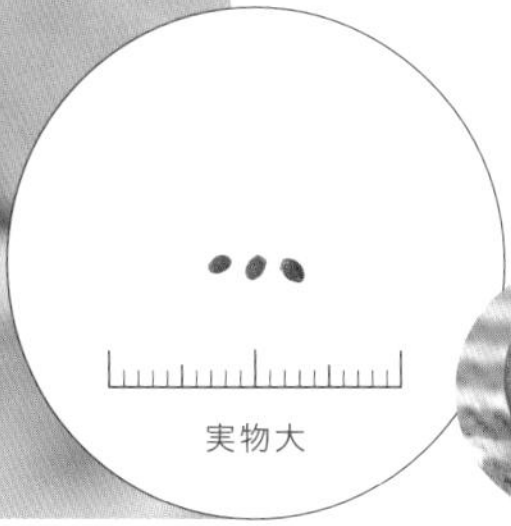

© 飛鳥里山クラブ

まるで小さなキウイフルーツ

マタタビは山の中に自生している。木の実はまるで小さなキウイフルーツだ。熟した果実は甘酸っぱく、おいしい果実の中に小さな黒いタネが散らばって入っている。山の動物たちに好んで食べられるが、食べ過ぎにはご用心。タンパク質を分解する酵素を含むため、次第に舌の表面が溶けて味を感じなくなったり、口の中がピリピリして食べられなくなる。これは同じ動物にまとめ食いされないため。タネは食べた動物達の糞で広がるが、まとめて一カ所に糞をされたらおいしいごちそうの与え損。より多くの動物に食べてもらった方が行動範囲も変わってタネ散布には有効的だ。ちなみにタンパク質を分解する酵素はキウイフルーツ、パイナップル、パパイヤなどにも同様の成分がある。これらのフルーツを入れるとゼラチンが固まらない反面、肉と一緒に調理するとお肉が柔らかくなったり、微量なら消化が良くなったりする。

ネコ科の動物なら何でもOK！

猫にマタタビ。マタタビの木の実や枝を与えると、猫はゴロゴロとひっくり返り、まるで酔っぱらったかのような動きをする。庭木に使われないのも、あまりに猫が集まってしまうため。マタタビの匂いが発情期の猫の尿に似ており、マタタビラクトンという揮発性の成分がネコ科動物の中枢神経を麻痺させる。ライオンなどの大型のネコ科の動物でも、マタタビを与えると猫と同じよ

幹

マタタビはつる性のため、周囲の樹木を覆うように伸びていく。若いツルは紫色で、少しずつ木質化していく。

葉

縁にギザギザがあり、裏面に葉脈が浮き立つ。花の時期には葉の表面が白く（まれにピンクに）なる。

花

開花は6～7月頃。雄花のみの雄株と、雌花または両性花の咲く雌株がある。白く可愛い花を咲かせる。

うにゴロニャンと酩酊状態になるという。サバンナでマタタビさえあれば手なずけるのも夢じゃないかも!? ただしネコ科の動物達に付けねらわれることにはなるだろうが…。

虫がついた木の実の方が人気？

マタタビの木の実は通常、細長いドングリのような形をしているが、たまにボコボコと変型した丸い形のものがある。これはマタタビノアブラムシやマタタビミタマバエの幼虫に寄生された木の実。普通なら捨てるところだが、マタタビの場合は、この虫こぶが重宝され、「木天蓼（もくてんりょう）」という滋養強壮、鎮痛の薬として使われる。こんな虫こぶを薬にしようと思いつき、発見した人がすごい。大人はどんな味か一度試してみては？

相棒

サル、クマ、野鳥が主な相棒。遠くまでたくさんタネを運んでくれる。

果実

緑色の果実は辛いが、黄色から赤色に熟すと甘くなる。タネの準備が完了した合図だ。

マタタビの木の実を拾ったら

猫使いになってみる

拾った木の実や枝を持って猫に近づけば、猫がスリスリと寄って来る。はたから見ればまるで猫使いだ。与え過ぎには注意しながら、猫とじゃれ合ってみるのもいい。

間違えやすい木の実

【サルナシ】

とてもよく似ているが、マタタビよりも少し丸みがある果実で、熟しても赤くならないのが特徴。

【キウイフルーツ】

果実には小さな毛がフサフサと生え、大きい。葉の形も異なるので見分けるのは簡単。

Chestnut tree

Castanea crenata

クリ［栗］

ブナ科　落葉広葉樹　高木　4～20m

見つけやすさ ◆◆◆

木の実の大きさ：直径2～3cm
木の実の時期：9～10月
分布：北海道～九州
見られる場所：林、畑、低地、山地
原産地：日本、中国、朝鮮半島
別名：ヤマグリ、シバグリ、イガグリ
花言葉：贅沢

トゲトゲで身を守る栄養満点の三つ子

栗ほど分かりやすい
形の木の実はない。
痛いと分かっていても、
やっぱり拾わずにはいられない。

木の実

まるでウニのように全体を刺で包み、敵から身を守る木の実。中には3つのタネが入っている。

タネ

普段私たちが「栗」と呼び、食べている部分がタネ。つるんとした硬い皮に包まれ、その中に薄い皮で覆われた養分が詰まっている。

私たちが食べているものは巨木のタネ

クリは人間との関わりが深い樹木。木材は家具などに使われ、「桃栗三年柿八年」「火中の栗を拾う」なんてことわざがあったり、昔話のさるかに合戦ではサルを退治する仲間にクリが参加するなど身近な存在。今でも焼き栗、栗ようかんに栗きんとん、モンブランなんてふうに食卓にものぼる。おいしい上に栄養価も満点。私たちが好んで食べているクリの部分はタネだ。小さな草花は数で勝負することが多いが、クリは成長が遅いため1つのタネの精度を上げるため多めタネに栄養を積み、芽吹きの後の成長を支えるシステムをとっている。

チクチクする刺をまとった木の実

クリといえば真っ先に思い出されるのは刺だろう。クリの木の実を見かける機会は案外多い。特徴的で目につき、あのトゲトゲをみると指先で摘み上げたくなる。そっと1本の刺だけつまんで持ち上げればいけるはず…と思っても、なかなか上手くできず痛い目に合う。とはいえ慣れた達人は長靴の底でイガを剥き、イノシシやシカなどはイガごとバリバリ食べてしまうという。では一体あの刺は何のためなのか？　刺は鳥や虫からタネを守るためだというが、タネが熟すとイガは自ら割れて中身を見せてしまう。まるでタネを運んでほしい合図として「今持って行けるよ〜」とアピールしているようにも見える。

葉

クリの葉は特徴的。細長く鳥の羽のような形をしている。葉の縁はギザギザで葉脈は均等に整列していて目立つ。

花

雄花の臭い匂いにつられて虫が集まり、受粉を助けてもらっているといわれている。雄花は房のように垂れ下がり、雌花は上を向く。

幹

樹皮は灰色っぽく、縦方向にひび割れがあるゴツゴツとした手触り。材は丈夫なためさまざまなものに活用されている。

多様性で生き残るチャンスを増やす

またイガの中に入っているタネは3つだが大きさが結構違う。左右のタネは丸みがあって大きいが、真ん中に挟まれたタネはペッタンコ。上手く隙間などに入り込んで生き残るチャンスが多いからなのか、身が少ないから食べられずに生き残れるからなど憶測はできるが定かではない。刺や不揃いのタネはクリが進化の途中で「色々試している」名残かもしれない。樹木は何十年、何百年単位で生きる。その間に周囲の環境が大きく変わることもある。だから時と場所ですべてがベストな選択になっている訳ではない。でも今は無駄に見えるものが、後で有利に働くかもしれない。だからこそ多様性や無駄なことが必要だ。人間も同じかもしれない。周囲の環境次第で誰が主役になるかは変わるのだ。

相棒

サル、クマ、イノシシなどの動物と人間はタネを食べてしまう敵。でも貯食をするネズミとリスはタネを運ぶことも。

果実

秋にイガが4つに割けてタネが見える。真ん中のタネが平ら。果肉はなく、刺の殻、その中に硬い皮と薄い皮がタネを包む。

クリの木の実を拾ったら

栗染めをしてみる

栗から驚くほどキレイなピンク色の染め物ができる。まず栗の渋皮煮を作ろう。鬼皮を剥いて水と重曹で煮た茹で汁を捨てずに使う。この汁に羊毛100%の毛糸を入れしばらく煮たら火から下ろして1日置いて絞ったら、使い捨てカイロの中身とお酢大さじ2杯ほどを入れて混ぜてお湯を500mlほど注ぎ即席の媒染液を作る。そこへ毛糸を入れてしばらく寝かせればピンク色になる。

写真提供：緒方義彦

間違えやすい木の実

【トチノミ】

トチノキの木の実は、タネの部分だけを見た時に、クリと間違える人もいる。ただし殻ごと落ちていた場合にはまったく似つかない姿のため、一目で違うと分かる。

CHERRY

prunus sp.

サクラの仲間［桜］

バラ科　落葉広葉樹　高木　5〜20m

見つけやすさ ◆◆◆

木の実の大きさ：直径1cm
木の実の時期：6月
分布：北海道〜九州
見られる場所：公園、街路、一部野山
原産地：日本
別名：なし
花言葉：純潔

日本を象徴する花は人の手で生きている

サクラは日本の春の風物詩。そのサクラを代表するソメイヨシノはすべてが1本のクローン。育てる人がいなくなれば消える存在だ。

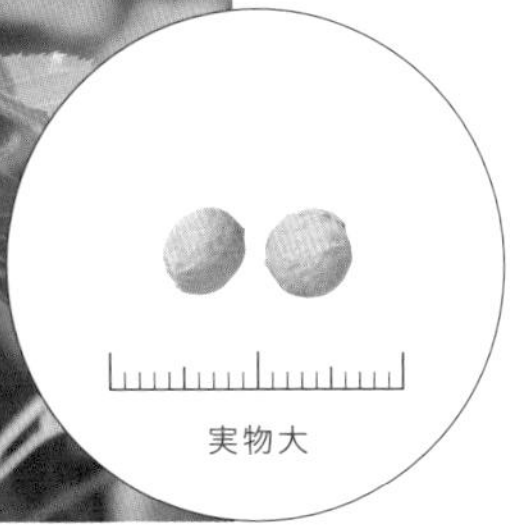

木の実

食べやすい大きさのサクランボは、野鳥達に大人気。6月頃になると熟し、緑から赤、食べ頃には黒紫色に変化する。

タネ

果肉の中にはタネもちゃんと入っているが、ソメイヨシノはタネからは育たない。野生のヤマザクラなどはタネから育つ。写真のタネはヤマザクラ。

ソメイヨシノは芽が出ることのない木の実をつける

四季がある日本の風景の中で、桜ほど春を表現するのに相応しい花はない。一斉に咲き誇り、サッと散り行く。卒業式と入学式の季節とも相まって花見があり、日本人の美意思にマッチする。日本国内の名所や公園に咲き誇るほとんどの桜がソメイヨシノという品種。でもこのソメイヨシノは、たった1本の木から生まれたクローンだ。木の実はできるが、そのタネを土に埋めても芽が出ることはない。ソメイヨシノは誰かが挿し木などをして増やしていったもの。人の手なしには増えることができない品種。同じ病気にかかって全滅する可能性だってあるのだ。

桜は1年中、鳥を魅了する上質なレストラン

ソメイヨシノは花のみ先に咲き、後で葉が出てくる。桜が終わる頃を「もう葉桜だ」なんて表現したりもする。でも野山で生きる野生のヤマザクラやオオシマザクラなどはそもそも葉と花が同時についている。満開の桜の木に野鳥がとまっているのをよく見かけるが、なぜ木の実もなっていない季節に鳥がとまっているかといえば、おいしい蜜と虫が狙い。よく甘党のヒヨドリやメジロが花の蜜を吸っている。花が終わった後には自然のサクランボ。他の木の実が秋冬なのに対し、初夏には木の実をつけ、いち早く甘党の鳥達が集める。しかも熟した実と未熟な緑の実を混在させ

葉

桜の葉は和菓子などで用いられることがあるように香りがいい。葉は薄くて柔らかく、縁はギザギザしている。

花

花は1箇所の土台から数本ぶら下がる。花が落ちた後に葉が生え、新芽が食べられないようにアリをガードマンに雇うことも。

幹

桜の幹は剪定に弱い。幹から突然花が生えていることも。触るとたまにベタッとした樹液が出ていることもある。

てタイムラグをつけることで、長い間、何度も鳥たちに足を運んでもらい、広くタネをばらまく作戦だ。

秋は毛虫を集めて野鳥のエサに。害虫駆除対策もバッチリ！

桜はバラ科の植物。植物の中ではもっとも種類が多いグループで、3400種ほど世界中に分布している。次に多いマメ科が約1800種というのだから、その差は歴然。昆虫の中にはバラ科のファンは多く、「バラなら、まあ、何でもいいや」という毛虫も多い。そんな毛虫を狙ってまた鳥が集まってくる。桜の花が落ちた枝からもおいしい蜜を出し、アリに蜜を与えて養う代わりに害虫から木を警護させているといわれている。アリは集団で行動する力持ち。強力な顎や針も持つヤツもいる。鳥や虫が入れ替わり立ち代わりしているうちに受粉に成功するのだ。

相棒

ハト、ツグミ、ムクドリ、ヒヨドリ、メジロ、ヤマガラなど多数の鳥。害虫駆除役としてはアリがパートナーといえるのかも。

果実

おいしい果肉の中にタネが1つ。一房の中でも時間差で熟し、鳥に少しずつ食べてもらう。

サクラの木の実を拾ったら

天然の絵の具を作る

よく熟したサクラの木の実をなるべくたくさん拾ったら、それを牛乳パックなどに入れて棒で潰せば、天然の絵の具が完成。筆につければキレイな色が。特に毒もないので安心して遊べる。ただし洋服につくととれにくいので気をつけて。

間違えやすい木の実

【ナシ】
【リンゴ】

木の実はまったく似ていないが、葉や花の雰囲気は似ているため、リンゴやナシの木をサクラと間違える人が多い。食べる果実にばかり興味が集まるが、よく考えてみればナシやリンゴの花をよく知らないことに気付かされる。

HINOKI CYPRESS

Chamaecyparis obtusa

※イラストは上がヒノキ、下がスギ

ヒノキ［檜］

ヒノキ科　常緑針葉樹　高木　30m

見つけやすさ ◆◆◇

木の実の大きさ：直径1cm
木の実の時期：10〜11月
分布：本州中部〜九州
見られる場所：寺社、公園、山
原産地：日本
別名：マキ
花言葉：不滅

花粉もタネも風まかせで広範囲に広がる

可愛らしくて飾りに使えそうな丸いこの木の実を拾ったことがある人も多いのでは？
でも何の木の実か知っている人は少ない。

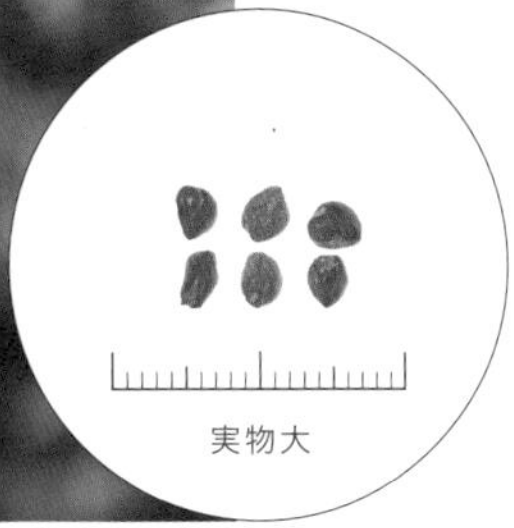

木の実

サッカーボールのような形で、コロコロと転がっている。アラレのような見た目。

タネ

秋にタネは熟す。左右に翼を持つタネを風に乗せて散布する。大きさは3mm 程度。

ヒノキのアロマ効果

ヒノキ風呂に入ったことがあるだろうか。ヒノキには精油分が含まれ、その特有の香りが人を癒やす効果があるといわれている。消臭・抗菌効果があるとも言われ、下駄箱などにヒノキを置くなどすると臭いが消えるという。実際、殺菌・防腐効果のある脂分がヒノキには含まれ、「かいしき」として鮮魚などの下に敷かれたりもする。

スギとヒノキは厄介もの？

スギはヒノキ科。ヒノキとは兄弟のようなものだ。特にヒノキは他の木に比べて耐久性が強く加工しやすいため建材に向いている。その耐久性は1000年以上と言われ、伊勢神宮や法隆寺、五重塔、東大寺などにもヒノキが使われている。樹齢も長く、聖なる木というイメージ。華やかで注目される場を「ヒノキ舞台」と表現したり、スギやヒノキはこれだけ聞くといいイメージだ。ところが今ではそのスギ、ヒノキが嫌われつつある。原因は花粉症だ。スギとヒノキは木材などの資源として山にたくさん植えられた。山間を車で走る時、まっすぐな幹がズラリと立ち並ぶ、そのほとんどはスギかヒノキ。スギ花粉と言われるものにヒノキも含まれる。

花

開花は3～5月頃。雌花は球体。雄花は楕円形で、枝先でまとまって開花し、花粉を大量に放出する。

葉

表面は爬虫類のウロコのような模様。葉の裏のYの字が特徴。いい香りがする。

幹

樹形は円錐状。幹は直立して、樹皮は縦に裂け、薄く長くはがれる。

木の実の隙間からタネが飛び立つ

サッカーボールのような木の実は、松ぼっくりと同じように隙間にタネをたくさん挟み、秋になると左右に翼を広げたタネが次々と飛んで行く。巨木の割にタネの一粒が小さいことに驚くだろう。花粉は風に舞い、受粉するスタイルのため、とにかく遠くまで飛んで行く。たくさん増えてしまったスギやヒノキを材木として使えば…と思うが、家に使えるほど丈夫で太い木にならず、使い道のない木がたくさん生えている。最初に間隔を狭く植えた苗木が成長した後、その数を減らしたりする手入れをしなかったためだ。これが倒木や災害の原因にもなっている。また自然の山では落葉樹が多いため季節ごとにさまざまな植物が場所を分け合い、木の実の種類も豊富。でもスギ、ヒノキしかない山では野生動物は食べるものがなく、里山に下りて畑を荒らす原因にもなっている。悪いのはスギ、ヒノキではなく、人間だ。

実

8 ～ 12mm の球形で、秋に熟す。タネを飛ばした後は、隙間の空いた状態になり枯れて落ちる。

相棒

風がもっとも頼りになる相棒。風にのって遠くへ飛んで行ける。

ヒノキの木の実を拾ったら

手作りアクセサリーを作る

ヒノキの木の実は凹みがあるのでワイヤーで木の実をまとめて、リボンやコサージュピンを使えば、秋にピッタリなアクセサリーができる。暇な時に素材として公園や里山で拾っておこう。

© ルミ花の教室（craftie）

間違えやすい木の実

【スギ】

ヒノキの葉は平面的な感じで、スギの葉はもっと立体的。木の実は似ているが小さな刺がある。

【サワラ】

ヒノキにそっくりだが、葉の裏面にある白い筋がヒノキはYで、サワラはX。

【コノテガシワ】

市街地で見かけるモミの木のような木に金平糖のような木の実がなっている。

CAMELLIA JAPONICA

Camellia japonica

ツバキの仲間［椿］

ツバキ科　常緑広葉樹　小高木　1〜10m

見つけやすさ ◆◆◆

木の実の大きさ：直径3㎝
木の実の時期：10〜11月
分布：本州〜沖縄
見られる場所：野山、庭園、公園
原産地：日本、台湾、朝鮮半島
別名：ヤブツバキ
花言葉：誇り

冬に咲く、愛されアイドル

ツバキといえば、大体ヤブツバキのこと。観賞用として公園や庭園など、多くの場所に植えられている。花は有名だが、木の実の姿はあまり知られていない。

木の実

強い硬い丸い殻を持ち、タネが熟すと皮が3つに裂けてタネを出す。

タネ

殻の中に硬いタネが3つほど入っている。タネは上質な油分を含む。

美しくも、はかない花

ツバキの花を知らない人はあまりいないだろう。冬の公園などで、その花はあまりに目立つからだ。冬の終わり、茶色の枝と常緑樹の緑ばかりの中で、パッと目に飛び込んでくる鮮やかな赤色の花がヤブツバキだ。優雅に開いた中央には黄色と円が見える美しいコントラスト。そして子どももよく見かけて覚えているのは、その花がまるごとそのままの姿で落ちていることがあるためだ。花びらを拾うよりも、花を丸のまま拾ったという記憶は鮮明に残りやすい。これは別に誰かがちぎったり、触って落としてしまったのではない。ヤブツバキの花びらはすべて雄しべとつながっているため、落ちる時は一緒にある日ポトン、というわけ。昔の人は落ち武者の生首みたいで縁起が悪い、と言うが、ちゃんと理由を知れば、怖くない。

ツバキに恋する人と動物たち

ツバキは昔から日本人に愛されてきた。よく日本画などにも描かれ、日本庭園などにも植えられている。スッキリとした葉の姿と鮮やかな花の姿に凛とした美しさ感じる。ツバキの花が咲くと、黄緑色のメジロがやってくるのも絵になる。ツバキは鳥媒花だ。鳥に蜜を吸ってもらう代わりに、受粉を助けてもらう。蜜を吸いやすいように、花びらは開いている。上手く受粉でき木の実がなれば、今度はアカネズミたちがそのタネを運んで、土の中へせっ

花

2～3月に赤い花を咲かせ、メジロや虫などが花の蜜を吸いに来る。

葉

照葉樹と呼ばれる木の葉の代表。ツヤのある肉厚な葉で緑が濃い。枝から不規則に葉がはえ、縁は細かくギザギザしている。

幹

下の方は直立し、幹は丈夫で、大きく育ったものは床材や工芸品などに使われる。

せと埋める。その食べ残しが運良く芽吹けばもうけもの。このタネから油を絞りれば「椿油」として、髪につける高級品として人間にも愛されている。

ちょっと迷惑なストーカーもいる

そんなふうに人気のアイドルように、誰からも愛されるツバキには、迷惑なストーカーまがいの生物もたかってくる。まず葉にはチャドクガという毒毛を持つ毛虫がぞろぞろと集団で群がる。うっかりこのチャドクガに触れると誰でも赤く腫れてかぶれるので要注意。また木の実にはツバキシギゾウムシという虫がやってきて木の実の中に産卵しようと長い管を差し込む。それを防ごうとするあまり、木の実の殻が分厚く、硬くなったといわれているほど。人気者は辛い。

相棒

花粉を運ぶのはメジロ、タネを運ぶのは野山ならアカネズミ。地面に貯蓄し、食べ残された一部が芽吹く。

果実

果肉はない。熟してもあまり色は変わらず、中のタネが準備できると3つに避ける。

ツバキの木の実を拾ったら

笛を作ってみる

ツバキのタネを拾ったら、タネの付け根のとんがっている部分を紙やすりなどにゴシゴシこすりつけていくと穴が開く。爪楊枝などで中を出して空洞にすると完成。穴に息を吹き付けると音が鳴る。

© ミックスじゅーちゅ　松尾信悟

間違えやすい木の実

【チャノキ】

みんながよく飲む緑茶は、ツバキにそっくりな葉と花、木の実をつける。茶畑であまり木の実や花を見かけないのは、こまめに刈り込まれているため。

JAPANESE BEAUTYBERRY

Callicarpa japonica

※イラストはコムラサキ

ムラサキシキブ［紫式部］

シソ科　落葉広葉樹　低木　3m

見つけやすさ　◆◆◇

木の実の大きさ：直径3〜5㎜
木の実の時期：10〜11月
分布：北海道〜沖縄
見られる場所：野山、庭
原産地：日本、台湾、韓国、中国
別名：ミムラサキ
花言葉：聡明

唯一無二の存在

木の実の中ではめずらしい紫色で、紫式部という有名な歌人と同じ名を持つ。小さな木の実は小鳥達に大人気。庭木に植えれば、小鳥がよく訪れてくれる。

木の実

小さく丸い。木の実で紫色というのはめずらしいため、一度見ればすぐに分かる。

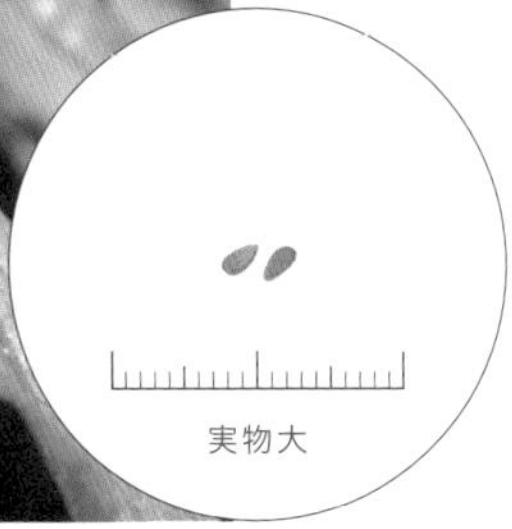

タネ

タネは笹舟のような形のものが1つの木の実の中に4個入っている。

ジャパニーズ・ビューティー・ベリー

百人一首「めぐりあいて、みしやそれともわかぬまに　くもがくれにし　よはのつきかな」の句でお馴染みの紫式部。この女流歌人と同じ名を持つことからも分かるように、その美しさや風流さを讃えられた樹木。つややかな緑の葉と小粒な紫色の木の実のコントラスト。花で紫色というのはよくあるが、木の実で紫色はあまりない。目立たせようと赤く輝く他の木の実たちとはちょっとひと味違う美しさだ。雑木林の片隅で小さな紫の実をつける、そのちょっと控えめな感じが、日本人の感性に響く。ムラサキシキブはヨーロッパにも輸出され「ジャパニーズ・ビューティー・ベリー」と呼ばれている。それほど自然界ではあまり見かけない色の木の実なのだ。

美しい宝石のような木の実

庭木として植えられているのは、大抵が近縁のコムラサキ。樹高がムラサキシキブよりも低く、木の実が枝にまとまってつき実付きがよく、枝が弓状に垂れるため観賞用として見た目がいい。自然界ではあまり見かけないラムネやガムのような変わった紫色の木の実のせいか、一度覚えると、以降はすぐ目に止まるようになる。育てる場合も意外と丈夫で、害虫にやられる心配も少なく、剪定にも強い。日当りもそこまでよくなくても育ち、土にもこだわらない。見た目が美しく繊細そうに見えて、結構強い。庭木とし

花

開花は6～7月頃。淡い紫色の小さな花を咲かせる。長い雄しべが特徴。

葉

縁はギザギザしていて、先は細く尖る。葉は薄く柔らかい。

幹

庭で楽しむ場合は丁度いい大きさに枝を切るといい。生育速度が早い。

ては理想的だ。

おちょぼぐちの小鳥でも食べられるサイズ

木の実を好んで食べる野鳥はたくさんいるが、意外とクチバシに注目してみると面白い。クチバシで何をエサとしているかが分かる。例えば小さな野鳥でもカワラヒワのような鳥は固い殻でも割れる太く短いクチバシを持ち、木に穴をあけるコゲラなどは細長く尖ったクチバシをしている。よく庭に遊びにくるメジロなどはクチバシが小さく細いため果実をほじって食べているイメージだが、そんなメジロでも一口で丸のみできるのがムラサキシキブの木の実。おちょぼぐちの鳥には貴重な存在だ。

相棒

メジロ、ヒタキ、ツグミなど口の小さな野鳥たちが、木の実をついばみ、種子散布をしてくれる。

果実

果肉は柔らかく、小さな野鳥にも食べやすい。葉が落ちても、木の実は枝についている。

ムラサキシキブの木の実を拾ったら

植木鉢に植えてみる

ムラサキシキブのタネは想像以上に発芽率がよく、こぼれたタネでも芽が出るほど。採取してすぐなら、種まきの時期を考える必要もない。数粒拾ったら、タネを取り出して植木鉢に植えてみよう。運良く芽が出れば、坪庭でも楽しめ、メジロなどの可愛い小鳥が遊びに来てくれる。

間違えやすい木の実

【コムラサキ】

ムラサキシキブは枝が直立し、木の実がまばらなのに対し、コムラサキはもっとまとまった状態で実をつけ、全体的に実の量が多い。またその重みで枝がしなだれている。

【シロシキブ】

コムラサキの白い実がなる品種もある。

Japanese Horse Chestnut

Aesculus turbinata

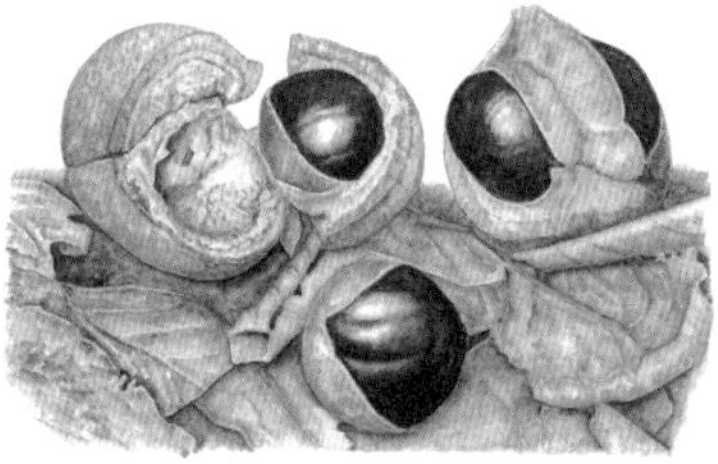

トチノキ［橡の木］

ムクロジ科　落葉広葉樹　高木　20〜30m

見つけやすさ　◆◆◆

木の実の大きさ：直径3〜5㎝
木の実の時期：9月
分布：北海道〜九州
見られる場所：野山、公園
原産地：日本、台湾、朝鮮半島
別名：ウマグリ、マロニエ
花言葉：天才、贅沢

絵本で見た「モチモチの木」の木

トチノキは、有名な絵本で知られる「モチモチの木」に登場する木だ。昔から人間や動物達に恵みを与え世界では神の木として知られる。

木の実

少し表面がザラザラした丸い木の実で、熟すと3つに皮が割れて、中からタネが出てくる。

タネ

タネは木の実の中に1つか2つ。お尻にパンツを履いているような姿に見える。

大昔から食べられてきたトチノミ

トチノキの木の実は「トチノミ」と呼ばれ、お餅などに加工されて売っている。木の実にわざわざ名前がついていることから見ても、この木の実に役割があったことが分かる。トチノミは縄文時代から食べられてきた。栄養素が豊富で、また長期保存できることから、不作などの食料確保の意味もあった。一度食べれば分かるが、これが信じられないほど苦い！　何日もアク抜きして手間隙かけないと食べられないが、ここまでしてまで食べようと思ったのだと思えば、いかに昔、食料を安定的に集めることが難しかったかがよく分かる。ちなみにクリはホクホクとしておいしい木の実も方が人間にとってメインなので、実をクリと呼び、木はクリノキという。役に立つ、大事なものに名前をつけるのが人間。結構、呼び方からも人間との関わり方が分かるものだ。

見つけたら、思わず拾わずにはいられない！

もしこのトチノミが目の前に落ちていたとしたら、子どもはもちろんのこと、大人だって大半の人が拾わずにはいられないはずだ。こんな立派に大きく、食べ応えがありそうで、はち切れんばかりにたっぷり身の詰まった、ツヤツヤとおいしそうに輝く木の実がキレイな状態で落ちているのだから。半分、パンツのようなものをかぶったお尻。思わず目を描きたくなってしまう愛らしさ。

花

5 枚の葉の上に、20cm ほどの花が円錐状に立ち上がる。開花は 5 〜 6 月頃。

葉

葉脈のくっくり浮き出た細長い葉で大きさの違い葉が 5 枚、てのひらのように広がる。

幹

野生では谷間や沢に多く、大きな木となる。木の実だけでなく木材も人に利用されてきた。

こんな木の実がマズいはずがない!と昔の人も思ったに違いない。しかも熟すと木の実を地面に落とし、子どもでも女性でも簡単に拾えて、この覚えやすい見た目。男達が漁や猟りに出かけている頃、せっせと食料集めをしていた女と子どもたち。つい拾ってしまうのは昔のDNAがそうさせてしまうのかもしれない。

山の動物達みんなに分け与える

トチノキは人間だけでなく、森の動物達も養ってきた。リスやネズミはもちろん、花はふんだんに蜜を出すため、ミツバチの蜜源となっている。また樹木も硬く丈夫なため、臼などに利用された。切り倒されて臼になった体で、アク抜きされて蒸された木の実をすりつぶされる。良質なデンプン質で、どれだけ多くの人間の命を救っただろう。トチノキがモチモチの木で特別な描かれ方をしていたのも頷ける。

相棒

リスやアカネズミなどが冬の食料として蓄え、土に埋めたものが芽を出す。受粉ではミツバチが活躍する。写真は花のアップ。

果実

丸い木の実の中には1つか2つの大きなタネ。周りは分厚い皮に覆われている。

トチノキの木の実を拾ったら

ひたすら無心で拾う

トチモチを作ることもできるが、かなりの個数がいる上に、アク抜きに相当な手間がかかる。でも見つけたからには拾わずにはいられないのがトチモチ。拾ったトチノミをしみじみ眺めながら、アク抜きしたトチノミを買ってトチモチ作りにチャレンジするのもいい。

間違えやすい木の実

【クリ】

トチノミをヤマグリ(シバグリ)と間違える人も多い。違いはイガがあって、頭が尖っているのがクリ。トチノミはもっと丸い。

Asiatic Jasmine

Trachelospermum asiaticum

テイカカズラ［定家葛］

キョウチクトウ科　つる性常緑広葉樹　1～10m

見つけやすさ　◆◆◇

木の実の大きさ：長さ10～15cm
木の実の時期：11～2月
分布：本州～九州
見られる場所：野山、街路樹
原産地：日本、台湾、韓国、中国
別名：マサキノカズラ
花言葉：依存

何もかもが意外なことだらけ

花びらはスクリューのようにねじれ、その花からは想像できない木の実がなり、さらにタネも意外な形。生き残りをかけた、さまざまな仕掛けを持つ。

木の実

さやのようなものが2本セットになり、その中に綿毛のタネをたくさん収めている。

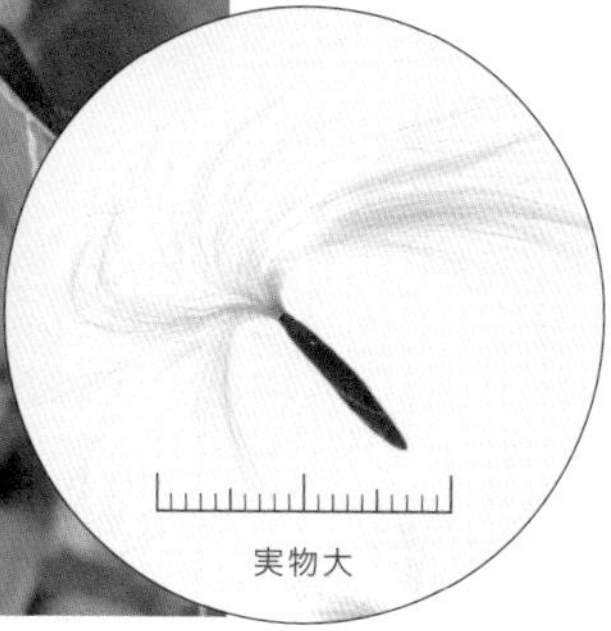

実物大

タネ

さやが乾燥して割れると、中から無数の綿毛付きのタネが風に舞い、飛んで行く。

フェンスなどに使われる植物

テイカカズラは、よくガーデニングで柵や塀にはわせる植物として使われる。そういったものは大抵がつる性の草だが、テイカカズラは樹木。猛毒を持つキョウチクトウの仲間で、やはりその丈夫さがウリとなっている。テイカカズラは色々と不思議な特徴を持っている。初夏になるとつるから空気中の水分を求めて気根という根っこを出して、建物の隙間や壁などをよじのぼりながら、恐るべき成長速度で育っていく。葉は地をはっている時と壁をのぼる時では、まるで異なる植物のようだ。花は白く美しく、つぼみが開くと、5枚の花びらがそれぞれにねじれてスクリューのような形になり、いい香りを放つ。

このさやの中には、一体何が入っている？

花が終わると、今度は一つの花から2つの細長いさやが生まれる。細長いさやえんどうみたいな形のものが2本ペアで垂れ下がっている。このさやはあまりに細長いせいか大抵反って輪っかのようになっている。このさやが枯れてねじれて割れると、中からはマメではなく、わさわさと白い綿毛のタネが飛び出てくる。たんぽぽの綿毛の1本ずつが整列したような格好で、その白い綿毛の部分は、ふわふわというより、絹のような滑らかさ。さやから飛び出すなり、風に乗って飛んでいく。

幹

枝を空中に伸ばしながら、つるを伸ばして木や壁に広がっていく。

葉

まだ若い時は地べたに広がり、上りはじめるとツヤツヤとして、厚みがある葉になる。

花

開花は5～6月頃。花びらがねじれてスクリューのような形になったものをまばらにつける。

タネは空を飛んで遠くまで旅する

ぶら下がったさやから、綿毛が次々と飛び立つさまは不思議だ。花びらといえば開くもの、さやといえば中には豆が入っているもの、なんていう固定概念を破ってくれる。おいしいエサで鳥や動物をつってタネを運んでもらわなくても、風だけで遠くまで飛んでいくことができる。もし着地に失敗して、ちょっと条件の悪い場所に辿り着いてしまったとしても、そこからつるを伸ばして移動すればいい。花のいい香りに誘われて、虫だけでなく、人間も吸い寄せられ、ガーデニングにちょうどいいとテイカカズラを庭に植える。藤原定家が生まれ変わって愛していた式子内親王の墓にまとわりついたのが、このテイカカズラだという伝説もある。どこか恐さも感じる、そんな植物だ。

相棒

風が一番の相棒。さやをぶら下げて、タネを遠くへ運んでもらう。

果実

果実となる部分はなく、さやの中には綿毛付きのタネが詰まっている。

テイカズラの木の実を拾ったら

綿毛の部分を触ってみよう

まるで絹のようにスベスベとした不思議な手触りで、まるで小さな妖精の髪の毛のようだ。時々、草むらなどで白い毛が落ちていて、よく見るとテイカカズラのタネということもある。明るい場所でルーペを使って観察すると、綿毛にキラキラした美しい光沢があることがわかる。ルーペで見てみよう。

間違えやすい木の実

【キョウチクトウ】

排気ガスなどにも強いことからよく路肩などに植えられている有毒植物。花の色は赤や白、ピンクなど多様。

Kousa Dogwood

Benthamidia japonicasyn

ヤマボウシ［山法師］

ミズキ科　落葉広葉樹　高木　5〜15m

見つけやすさ　◆◆◇

木の実の大きさ：直径1〜3㎝
木の実の時期：9〜10月
分布：本州〜九州
見られる場所：庭、野山、公園
原産地：日本、台湾、朝鮮半島
別名：ヤマグワ
花言葉：友情

花も実も楽しめる庭木

ヤマボウシはよく庭に植えられる樹木。だからもし見つけたいなら、住宅街へ。一度見れば忘れない特徴的な木の実とちょっと変わった花をつける。

木の実

丸くほんのり赤い木の実。1つに見えるが、複数の果実が集まったもの。

タネ

集合した果実だが、タネは中央に1つ、または果肉の中に、2、3個程度ある場合もある。

庭によく植えられる人気の樹木

ヤマボウシは庭や玄関先に植えるシンボルツリーとして使われることが多い。それは季節ごとの楽しみがあり、手入れをそれほどしなくても形を保てるからだ。春には新芽が美しく爽やかで、初夏には真っ白な花を咲かせ、日陰を作る。秋にはおいしい木の実をつけ、冬には葉を落として室内に日差しを運ぶ。同じ仲間のハナミズキ（アメリカヤマボウシ）よりも扱いやすく、大きく育ちすぎないのもちょうどいい。そんな人に愛されて、よく植えられているヤマボウシだが、案外、その生態を知る人は少ない。

4枚の白い花びらが十字架のよう

ハナミズキといえば、白い4枚の花びら。でもこの花びらに見えるものは花びらではなく、葉が変形したもの。本物の花はその中央にある丸い黄緑色のもの。一見すると花びらを支えるがくか、雄しべ雌しべのように見えるが、シロツメクサなどと同じように、小さな花がたくさん集まって一つの花に見せている。白い部分は、花をより大きく見せ、目立たせるためのフェイク。葉の変形のため、通常の花よりも長く咲いているように見える。人間にとっても長く鑑賞できるのは好都合だ。

花

開花は6月頃。花は真ん中の黄緑の部分。周りの白い花びらのような4枚は葉が変形したもの。

葉

葉脈の筋がしっかり見える。薄く柔らかい手触りで、葉の先は尖っている。

幹

あまり剪定しなくても枝がまとまるので、庭のシンボルツリーとしてよく植えられる。

果実の集合体になった姿

ヤマボウシの果実はよく観察してみると面白い。木の実の表面をよく見ると、六角形の筋がうっすら入っていて、それぞれに点がついている。これが集合した花の名残。一つの丸に見えるヤマボウシの木の実は、小さな果実がくっついて一つの大きな粒になったものだ。だけどタネはちゃんと中央に入っているあたり不思議だ。味はマンゴーのような感じで、トロッとして甘い。野鳥が食べるには大きすぎるサイズで、一番食べるのはサルなど山で暮らす哺乳類。そのため熟すと分かりやすく香りを放ち、また熟れると地面に落ちて動物たちに拾ってもらいやすくする。人間もまんまとその戦略に乗せられた動物の中の一つなのかもしれない。

果実

甘くておいしい果肉を持つ。熟すと地面に実を落とす。写真は花が終わった後の未熟な果実。複数の花が集まる様子が分かる。

相棒

甘い香りにつられて集まるサルなど山の動物がメイン。カラス、オナガ、ムクドリなども果実をついばむ。

ヤマボウシの木の実を拾ったら

生のまま食べてみる

もしいい香りがして、地面に落ちていない熟したヤマボウシの果肉を見つけたら、よく洗って生のまま食べてみよう。とろっとしてトロピカルフルーツのような味がする。食べるのは怖い人はよく観察してみよう。果実の集合体ということが分かる。

間違えやすい木の実

【ハナミズキ】

同じように花びらに見えるのは葉が変形したもの。ハナミズキの花びらのようなものの先が割れていて、うっすらピンクがかっている。また木の実の形はまったく異なる。

Red Bayberry

Morella rubra

ヤマモモ［山桃］

ヤマモモ科　常緑広葉樹　高木　3～20m

見つけやすさ ◆◆◇

木の実の大きさ：直径1～3㎝
木の実の時期：6～7月
分布：東北～沖縄
見られる場所：公園、庭、里山
原産地：日本、台湾、韓国、フィリピン、中国南部、インド
別名：ヤンメ
花言葉：一途

まったく桃とは無関係

漢字で山桃と書くように、山に自生する桃の仲間かと思いきや、まったく関係はなく、種類も違う。ヤマモモの実は、モモの味はしない。

木の実

木の実は小さな粒の集合体。見た目の通り、甘酸っぱくおいしい。ジャムなどに使われることも。

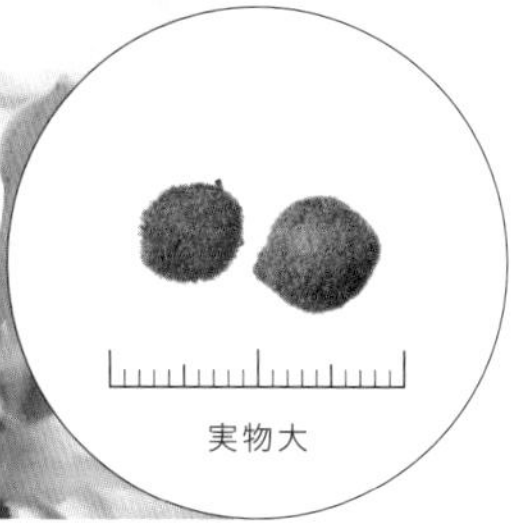
実物大

タネ

果実の中に大きなタネが一つだけ入っている。タネから伸びた毛が多肉化したのが果実なので果実とタネが剥がれにくい。

おいしい果実は毛が進化したもの

ヤマモモはおいしい果実をつけることから、庭木としても人気だ。果実をよく見ると小さなツブツブが集合しており、野いちごのようにも見えるため、この粒の中に一つずつタネが入っているのかと思いきや、集合体の中央に一つだけ大きなタネがある。おいしい果肉の部分は、このタネから生えた毛が果肉のように変化させたもの。動物においしいエサを与え、なおかつおいしい部分とタネが剥がれにくく、くっついていることで、その場でタネが捨てられないようにタネごと飲み込ませるようにしている。タネは硬く齧っても割れないほどだ。見た目も味もまったくモモとは似ていないヤマモモが、なぜヤマモモと名付けられたかは謎だが、おいしいのには違いない。

やっぱり自然が一番

ジャムなどの収穫のためにわざわざ栽培もされているヤマモモは、大きな実をつける。ところが収穫については豊作と凶作を一年ごとに繰り返すことが多いそう。なかなか植物は人間の思った通りにはならない。ヤマモモは、根っこに「根粒菌」というものを持っており生育を助けてくれるため、痩せた土地や日陰などでも育つ、という特性を持つ。木の実がなれば、その同じ房の中で時間差に熟して食べごろの期間を伸ばす作戦に出る。野鳥に何度も足を運んでもらうためだ。薄い黄色から黒色まであるが、食べ

花

開花は3～4月頃。といっても花びらはなく、一見すると花と分からない。雄雌異株。風で受粉し、雌株のみ果実をつける。

葉

長さ10cmほどで細長い形。枝先に葉が密生する。すべすべとした葉で、裏側は白っぽい。

幹

直立し、野生種は大きく育つ。灰白色の皮は染料や薬としても使われる。

ごろは濃い赤だ。

意外と見過ごされがちな樹木

ヤマモモをあまり見かけたことがない、という人は、公園などで木の実のなる季節に探してみるといい。温かい地域に自生するヤマモモは、その強さと冬でももりもりと葉が茂っていることから、街路や公園、防風林にも多く使われている。でも赤い木の実のない時期は花が地味なため、あまり目に入ってこないのかもしれない。もし赤い木の実がない時は、葉をよく観察してみよう。ヤマモモの葉は触れると手がツヤツヤになる。これは葉の裏にワックスの成分があり、触ると手に付いて不思議な感じがする。また葉をよく観察するとハマキムシが作った葉巻型の葉を見ることもある。

相棒

野生種では主にサルが食べてタネを運ぶ。公園などではヒヨドリやムクドリなど。

果実

果肉はタネを守る皮のようなものであり、動物達にタネを運んでもらうお駄賃。

ヤマモモの木の実を拾ったら

シロップやジャムを作ってみる

水でよく洗って、一旦軽く茹でてゴミや虫を取り除いたら、瓶にヤマモモを入れて砂糖を入れれば数週間でシロップができあがる。大さじ1〜2杯を炭酸で割ればおいしく飲める。またジャムにしてもいい。

間違えやすい木の実

【シャリンバイ】

分厚く乾燥に強い常緑の葉で、公園や街路樹で見られる。花はヤマモモよりも華やかで、木の実は紫色でブルーベリーのような形。

SAKAKI TREE

Cleyera japonica

※イラストは右がサカキ、左上がヒサカキ

サカキ［榊］

サカキ科　常緑広葉樹　小高木　3〜15m

見つけやすさ ◆◆◆

木の実の大きさ：直径8mm
木の実の時期：9〜12月
分布：関東〜沖縄
見られる場所：神社、庭木、暖地の低山
原産地：日本、中国、朝鮮半島
別名：マサカキ、ホンサカキ
花言葉：神を尊ぶ

神棚にまつる聖なる樹木

サカキといえば、神事に使うもの。
でも住んでいる地域で、
まったく別の植物をサカキと呼ぶ。
一体どれが本物？

木の実

秋に緑色の小さな丸い木の実をつける。晩秋には黒に近い濃い紫色に熟す。謎の黒っぽい木の実が落ちていたら近くにサカキがあるかも。

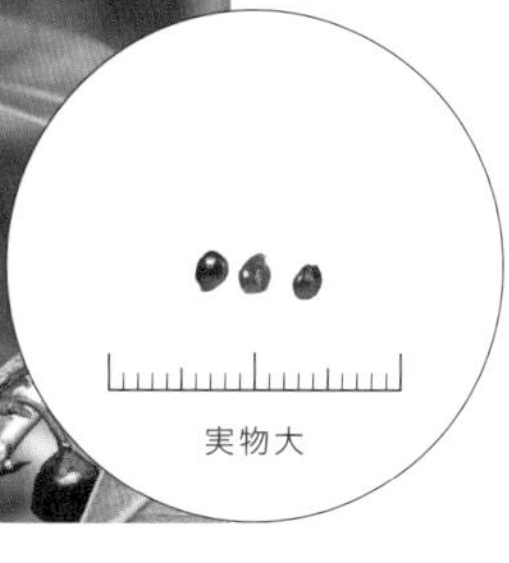

タネ

1個の木の実の中に不規則な形で硬く小さいタネが数個入っている。

神棚にそなえる葉っぱは、とりあえずサカキと呼ぶ

神社や神棚などでよく使われるサカキ。結婚式や地鎮祭などで神前に奉納する玉串としても使われる。サカキはツバキ科の丈夫な葉を持つ樹木。でもサカキが生えない地域では異なる植物で代用するため、地方によって「サカキ」と呼ぶ植物が違ったりする。例えば温かい地方ではヒサカキという異なる種類をサカキと言ったり、寒い地域ではソヨゴをサカキと呼んだりする。マキやツバキをサカキと言う人も。いずれにせよ神様に捧げる聖なる樹木がサカキだ。漢字でも「榊」と木偏に神と書く。神がいる聖域と人間界の境を示すことから「境木（さかき）」となったという説も。神社の境内の入口などに生垣として植えられていることもある。

お墓や仏壇に飾る葉っぱは、まったく別の毒の葉

サカキに対して、よく対比されるのがシキミ。葉の雰囲気は似ているが、植物としての科目も使い方も性質もまったく異なる。シキミは葬式やお墓参りで「香花」と呼び、仏事に使う。根、葉、花、木の実すべてに毒を持つ。中華で使う八角（スターアニス）に似た木の実は誤飲事故も多く、死に至る危険性もあるため毒物及び劇物取締法によって劇物に指定されているほど。木の実を持っているだけで違法だ。そのことから「悪しき実（あしきみ）」とも

葉

葉は左右に生えて水平に広がる。葉は丈夫で縁に目立つギザギザなどはなく、どれも形が整い、ツヤがある。

花

初夏になると小さな白い花を咲かせる。葉の間に隠れて、控えめにうつむいて咲いている。微かな芳香がある。

幹

サカキの材は床柱や杵などに使われている。幹の樹皮は灰淡褐色。

呼ばれている。木の実はシキミとサカキでは間違えようもないが、白い花がうなだれて咲くところや、神社などの境内に生えていることなど共通点もあるので拾ってはいけない木の実としてシキミのことも覚えておこう。

時代の変化で、身近な植物から見知らぬ植物へ

昔は誰でも「玉串」や「香花」と言えば、それがどんなものかが分かったが、昨今はその言葉自体を知らない、または使わない人も増えて来た。結婚式などはせずに親族の顔合わせや友人が集まるパーティー、海外ハネムーンで終わり、なんてカップルも増えて来た。お墓も同様に、ずっと先祖代々墓石を守るなんてできないと樹木葬にしたり、仮にお墓があっても、お墓参りに付き合う子どもも少ない。サカキは身近でよく見る樹木だが、あと何十年後かには需要が減って忘れさらされる存在かもしれない。

果実

花が終わった後に、丸い木の実がぶら下がる。黒に見える木の実を潰すと紫色の果汁が出るので、黒ではないことが分かる。

相棒

メジロやヒヨドリなど木の実を好む野鳥が運び屋。昔は子どもらが枝を玉串のように振りタネを飛ばしていたかもしれない。

サカキの木の実を拾ったら

拾ってタネを取り出しておく

タネを取り出したら水で洗って茶封筒などに入れて春までしまっておこう。植え時は3月から4月頃。数年育ててミニ盆栽を作ってみても面白い。

間違えやすい木の実

【ヒサカキ】

葉の縁はギザギザとして、花も木の実も枝にビッシリついている。ガス漏れと間違えるような匂いがする。

【シキミ】

葉の1枚の雰囲気は似ているが、サカキが左右に生えるのに対して、シキミは扇のように広がって生える。また毒を持つシキミの実は特徴的な形で覚えやすい。

Japan Wax Tree

Toxicodendron succedaneum

ハゼノキ［櫨］

ウルシ科　落葉広葉樹　小高木　6〜10m

見つけやすさ　◆◆◇

木の実の大きさ：直径8㎜
木の実の時期：11〜12月
分布：関東〜沖縄
見られる場所：野山、公園、庭園
原産地：日本、中国、朝鮮半島
別名：ロウノキ
花言葉：真心

里山に多いウルシの仲間炎の木の実

山で気をつけなければならないウルシと同じ成分を持つ。でも野山の鳥たちには大人気の高カロリー食。葉は燃えるように赤く、木の実は実際によく燃える。

木の実

木の実の皮に油分が多く、1個の木の実の中に1個のタネ。それがたくさん房のようになる。

タネ

タネは非対称で、表面の質感も独特。これが子どもがよく拾ってくる願い事がかなうといわれているキツネの小判の正体だ。

昔から日本人に親しまれてきた木

ハゼノキといって、すぐに形が分かる人は少ないだろう。でも本来ハゼノキは身近な木。もともとは和ロウソクを作る材料として植えられたものが野生化した。「小さい秋みつけた」のモデルになったのはハゼノキ。秋になるととても美しい紅葉を見せる。ウルシの仲間で枝や葉の乳液に触れるとかぶれることがあるため、本来なら真っ先に覚えておきたい樹木だ。でも現代ではあまりロウソクを使わなくなり、野山で遊ぶことも少ないことから、覚える機会のない植物になってしまった。ちなみにマンゴーがダメな人はウルシやハゼノキにかぶれやすい可能性が高いので気をつけよう。

油分が豊富な木の実は高カロリー

ハゼノキの木の実は和ロウソクの原料となっているだけあって油分がたっぷり含まれている。野鳥のエサといえばベリーのような甘い果実を思い浮かべる人も多いが、鳥は種類で食べるものは異なる。野鳥でナッツ類や油を好む鳥といえばシジュウカラなどカラ類が思い浮かぶが、都会などの人間のすぐ傍で暮らすカラス、スズメ、ハト、ムクドリなどは雑食で何でも食べる。そんな中でも野良猫並みに防ぎようがない、農作物やゴミ袋からエサを取る頭脳と器用さを持つカラスがわざわざ好んで食べる木の実と聞けば、ハゼノキの実がどれだけ高カロリーかが分かるだろう。

葉

葉は細長く、左右対象に広がる。枝の先から10枚以上、細長い左右対称に葉がつき枝が放射状に広がるので覚えやすい。

花

開花は5〜6月。雄雌異株。どちらも小さな黄緑色の花をつける。ただし木の実をつけた雌株は翌年花をつけない。

幹

幹だけを見てもハゼノキだと分かりにくいが、葉が生えている時期ならば、ハゼノキを見分けるのは比較的簡単。

厳しい冬を過ごすための山の食料

ハゼノキは秋になると緑から赤くなる。でもすべての植物の葉が信号機のように緑、黄、赤、茶、という流れで変化する訳ではない。むしろ赤くなる方が少数派。例えば常緑樹はずっと緑のままだ。色が変化する落葉樹は緑から次第に黄色くなり、茶色になるものが多い。緑は光合成に必要なクロロフィルで、葉を落とす秋になると分解される。すると、緑色に隠れて見えなかった黄色が見えるようになる。さらにそこから乾燥が進むと、ひからびて茶色になり葉を落とす。日光が減って寒くなる冬に備え葉を落とすことで、木の幹や根っこを守っている。そんな中で木の実がわざわざ赤い色素を作って紅葉させる理由はよく分かっていない。野鳥達に木の実が「食べごろだよ」とアピールしているという説もある。

相棒

カラス、シジュウカラ、キツツキ、コゲラ、ツグミ、メジロなど油を好む野鳥たちがよく食べる。

果実

タネは非常に硬いため、木の実を丸ごと食べられても糞やペリット（履き戻し）されて消化されずに外へ出る。

ハゼノキの木の実を拾ったら

ロウソクを作ってみる

ハゼノキの木の実を集めて潰し、網で選り分けて白い粉を集め、それをガーゼに包んで30分ほど蒸したら、絞って液を出す。小さな瓶などに入れれば自家製ロウソクのできあがり。かぶれないようビニール手袋などをつけて大人と一緒にやってみよう。

© 水前寺江津湖公園サービスセンター

間違えやすい木の実

【ヌルデ】

傷ついた幹や茎から白い液を出しヌルヌルする。葉の軸にも狭い葉のようなものがついている。

【ヤマウルシ】

漆がとれ、やはりかぶれる。左右対称に整然と葉が開いて並び、茎は紫、扇状になって紅葉する。

Japanese Snowbell

Styrax japonica

エゴノキ［野茉莉］

エゴノキ科　落葉広葉樹　高木　5〜12m

見つけやすさ　◆◆◇

木の実の大きさ：長さ約1cm
木の実の時期：10〜11月
分布：北海道〜沖縄
見られる場所：低地〜山地、庭、公園
原産地：日本、中国、朝鮮半島
別名：チシャノキ、ロクロギ
花言葉：壮大

食べてもらう相手を選ぶエゴイスト

エゴノキは、公園などでもよく見かける木。花も愛らしく、木の実も鈴なりで美しい。その木の実は、自然に落ちることは少なく、食べてもらう相手が来るのを待っている。

木の実

若い木の実が鈴なりになる。海外では「ジャパニーズ・スノーベル」と呼ばれている。石鹸の代用にもなる。

タネ

5mmほど。果肉がとろっとして、タネはつるつるしているため、滑って口の中に入り、噛み砕かれることはあまりない。

昔からさまざまなことに利用されてきた木

エゴノキは公園にも、庭木にもよく使われおり、山には野生のものが自生している。幹は将棋のこまやロクロなどの素材とされていたため別名「ロクロギ」。昔は洗濯に使われたり、毒のある木の実の皮をすりつぶして川に流し魚を捕まえたという。食べたら「エグイ（ひどい）」ことからエゴノキと名付けられたとか。その苦みの正体は一部の棘皮動物（ヒトデやナマコ）の体内にも含まれているサポニン。猛毒ではないが、多少の毒はある。

蜜を与えるのは自分が狙った相手だけ

5月頃、うつむいてぶら下がる小さな花は一見自信なさげに見えるかもしれないが、かなりのやり手。花は不安定に揺れて、蜜を吸いたければ逆さまになって、しっかりとしがみつけるような脚力の持ち主でなければいけない。エゴノキが待っているのは頭がよく働き者のハチだ。花は虫たちに蜜を与える代わりに受粉を手伝ってもらうが、ハエやハナアブや蝶などでは色んな花の蜜を手当たり次第に吸うため受粉の成功率が低い。それではせっかく自分のエネルギーを使ってまで用意した蜜を無駄にしてしまう。その点ミツバチやマルハナバチなどは一度おいしい蜜を見つけるとその花を覚え、同じ花へと飛んで行く。つまり受粉の成功率が高いハチにだけ蜜を吸ってもらえるように、わざと他の虫たちが蜜を吸いにくい形になっているのだ。

葉

あまり特徴のない葉で長さ4～8センチの楕円形で先端が尖る。縁にはギザギザがあるものとないものとある。葉脈はくっきり。

花

白く可愛い花がたくさん鈴なりになる。花はぶら下がるようになり、甘い香りを放ってハチを誘う。

幹

幹はあまり太くならず、でも丈夫。根元から複数の枝が分かれて立ち上がる。自然な樹形が美しいので、庭木としても利用される。

ヤマガラが好んで食べる ナッツをぶら下げる

受粉が無事に成功すると、今度は木の実がぶら下がる。こういったぶら下がるタイプの木の実は大抵の場合、食べてもらう相手を選んでいると思っていい。エゴノキのターゲットはヤマガラだ。ヤマガラはスズメよりも少し小さな野鳥で、一年中、山でも街でもどこにでもいる。そのうえ足が器用で細い枝にもつかまることができるため、ゆらゆら揺れるエゴノキの木の実にも止まることが可能。木の実は食べごろになっても落ちずに、枝にぶら下がったまま皮を脱いでタネをむき出しにする。タネはナッツのように油分が豊富で、ヤマガラが好む味。冬に備えてヤマガラはエサを土の中に蓄える習性があり、エゴノキのタネも土に埋める。その中の一部が食べられる前に芽を出すというわけだ。

相棒

ヤマガラがくちばしでタネを土に埋めた一部が芽吹く。タネに土が適度にかぶっていた方が芽を出す確立は上がる。

果実

果肉はほとんどなく人間は食べられない。タネの準備ができると皮は裂けてタネを枝に残したまま皮だけ下に落ちる。

エゴノキの木の実を拾ったら

若い木の実なら石鹸に、タネのみならお手玉の中身に

エゴノキが持つサポニンは水に混ぜると溶けて、石鹸のように泡が立つ。もし若い木の実が手に入ったら、潰して水を入れてよく振ってみよう。石鹸水ができる。写真のようにハーブを加えてみてもいい。また乾燥したタネをたくさん拾えたなら、お手玉の中身に最適だ。

©Glänta

間違えやすい木の実

【ハクウンボク】

花も木の実もとてもよく似ている。違いは花の大きさ。エゴノキよりも大きく、木の実ももっと丸みのある形で大きい。

Japanese Alder

Alnus japonica

ハンノキ［榛の木］

カバノキ科　落葉広葉樹　高木　10～15m

見つけやすさ　◆◆◇

木の実の大きさ：直径1.5～2㎝
木の実の時期：10～12月
分布：北海道～九州
見られる場所：湿原、棚田、水辺、公園
原産地：日本、朝鮮半島
別名：ハリキリ
花言葉：忍耐

小さなマツボックリのよう

タネを飛ばし、役目を終え、よく枝ごと落ちている木の実。まるで持ち帰って、何かに使って下さい、といっているようだ。

木の実

松ぼっくりに似た小さな木の実。タネを飛ばした後、殻は長い間、枝に残る。この実を染料として使う地域もある。

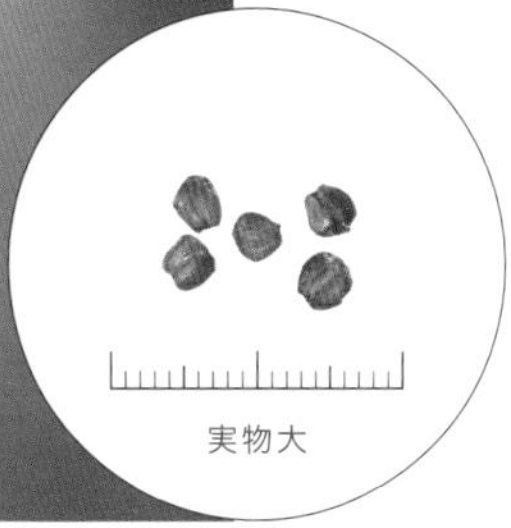

タネ

タネは２mmほどの大きさで、松ぼっくりのような殻の間にあり、秋になると風で散布される。小さな翼があり遠くまで飛ぶ。

競争力が弱いから、あまりライバルのいない水辺へ

ハンノキは湿地を好む樹木。田んぼや川原の周囲に植えて、土や泥が流れ出るのを防ぐためや、荒れた土地を修復するのに使われるほど。木の根っこが水の中に沈んでしまう湿地は土の中の酸素がなくなりやすく、大抵の木は枯れてしまう。よく植木鉢の植物が水やりし過ぎて枯れてしまうことがあるのと同じ。植物は水を必要とするが、同じように酸素も必要。でも水中から酸素を取り込むことは普通できない。ところがハンノキは一年中水に浸かっている場所でも多少の流れがあり酸素があれば育つように幹や根っこが発達している。それだけ聞くと、とても強い木のように思えるが、ハンノキはむしろ競争には弱いからこそ、競争の激しい森の中ではなく、樹木の生育に適さずライバルがほとんどいない湿地で生きることに特化したともいえる。ハンノキの仲間にはヤシャブシ、ヤマハンノキなどがあり、ほぼ同じ性質・見た目だ。

半年ほど風散布で花粉を飛ばす

春先の花粉症といえばスギが有名だが、案外ハンノキが犯人ということもある。ハンノキの花が咲くのは寒い冬の間。一見すると花には見えないが枝一杯に長い花の穂を垂らし、風に揺れて花粉を散布し、受粉する。その花粉は12月頃から初夏まで飛んでいる。リンゴ、モモ、ナシ、サクランボなどのバラ科の果実やウリ

花

開花は12～2月頃。一見すると花には見えないが、房のようにたくさんぶら下がる雄花と雌花では形状が異なる。

葉

楕円形で先端が尖っている。葉の縁には小さなギザギザがあり、大きさなどはバラバラで不規則。

幹

樹木は大きく育ち、幹には浅く亀裂が入り、表面の皮が剥がれ落ちることも。

科のメロン、スイカなどを食べた時に口の中がイガイガする人は、ハンノキの花粉に反応している可能性があるかもしれない。

木の実は枝ごと落ちていることが多い

まるでミニチュアの松ぼっくりのような木の実で、タネの仕組みもとても似ている。カサの隙間にタネを抱え、天気のいい日にカサを広げてタネを飛ばす。そのタネには小さな羽根があり、遠くまで飛んで行く。ただハンノキは松ぼっくりとは違い、タネを飛ばした後の木の実の殻が枝ごと数個まとまって落ちていることが多い。というのもこの木の実はタネを飛ばした後も1年ほど枝に残るためだ。そして不要になった枝ごとボタッと落ちる。冬鳥のマヒワ、カワラヒワ、コガラなどが好んで食べるため、突かれているうちに落ちることも。枝ごとついた木の実はクリスマス飾りに使える。

相棒

リス、ムササビなどは殻ごと食べる。タネだけを食べる冬鳥はクチバシが尖ったマヒワやカワラヒワなど。

果実

夏には実ができる。果肉のようなものはほとんどなく、冬鳥が食べるのはタネそのもの。

ハンノキの木の実を拾ったら

クリスマスリース作り

ハンノキの木の実はそのままでも可愛らしく、クリスマスリースの飾りにピッタリ。小さな子どもでも木工用ボンドなどを使って拾った木の実をリース土台に貼り付ければそれだけでも立派なクリスマスリースになる。

間違えやすい木の実

【シラカバ】

高原の樹木で有名なシラカバ。正式名はシラカンバという。幹は白く、葉の形はハンノキより丸く、木の実は細長いため、間違えるということはあまりないが、花のつき方などが似ている。

JAPANESE SARCANDRA

Sarcandra glabra

センリョウ［千両］

センリョウ科　常緑広葉樹　低木　0.5～1m

見つけやすさ　◆◆◆

木の実の大きさ：直径5㎜
木の実の時期：11～2月
分布：東北～九州
見られる場所：野山、庭園
原産地：日本、中国、朝鮮半島、マレーシア、インド
別名：草珊瑚（クササンゴ）
花言葉：裕福

お正月を飾る赤い実

お正月飾りや生け花など見た目の華やかさと「千両」という響きから商売繁盛やめでたい縁起物として飾られる。こう見えて、とても原始的な植物だ。

木の実

草の上に赤い実がまとまってなる。よく見ると、1つ1つの実には黒い点がある。

タネ

木の実の中には、1粒のタネが入っている。タネは木の実ごと鳥に食べられて運ばれる。

おめでたい植物の代表格

日本人は縁起をかつぐのが大好き。センリョウ（千両）は、その名前と姿の良さもあり、お正月によく飾られる。かなり高級そうな見た目で日本庭園などでも見かけるが、年末年始なら花屋でも買うことができる。案外、野山にも生えていたりするのは、野鳥がよくこの実を食べて運ぶためだ。緑の花の上に集団で赤い実をつけ、まるで「食べてください」といわんばかり。センリョウの果実は、晩秋から冬にかけて野鳥の餌が少なくなってゆく季節に、森の下層（地上付近）で活動する小さな鳥たちにとって大切な食べ物となっている。よく似た「万両（マンリョウ）」という樹木もあるが、よく見れば枝の雰囲気や実のなり方がまるでセンリョウとは違う。

「センリョウ」は「マンリョウ」に劣る？

マンリョウもセンリョウと同じように赤い実がたわわになり、実の方が少し大きいが、マンリョウは一本の茎として立ち上がり横に枝葉を出さず、まとまった葉の下に鈴なりに赤い実がぶら下がる。また科も異なる。マンリョウはサクラソウ科で仲間には「百両」「十両」もあり、マンリョウより木の実が少ない。「一両」というアカネ科の植物まである。「なんだ、一両なんて少ないなー」と思った人は昔のお金の価値を知らないかも？　一両は今のお金でいえば13万円くらい。千両で13億円…。一両の重みを知れば、

花

開花は6～7月。といっても花びらもないため花には見えない。よく見ると飛び出した雄しべから花粉が出ている。

葉

葉にツヤがあり、しっかり固め。縁がギザギザしている。その葉の上に朱色の木の実がまとまってなる。

幹

複数に枝を伸ばし、それぞれに木の実をつける。枝は鮮やかな緑色をしていて、竹みたいな節がある。

お正月に飾りたくなる気持ちも分かるだろう。

華やかで雅な雰囲気とは裏腹に、意外と古傷が残る

センリョウを買おうとして「なんだか黒い斑点が出ているから古い？虫食い？」なんて思ったら大間違い。その点は一つ一つの実に必ずついている。これは花のなごり。センリョウはかなり原始的な植物の仕組みがあり、まず花びらやガクがない。丸い雌しべの横に、雄しべが1本だけ生えている、という変な形で、実りながら雄しべは枯れて落ちる。だからセンリョウの実には、その名残として必ず黒い点がある。今度見かける機会があったら、小さな点を探してみよう。

果実

人間には食べられないが、野鳥にはよく食べられる。果肉が少しあり、その中に1つのタネが入っている。

相棒

ジョウビタキなどヒタキ系の鳥が好む。写真でジョウビタキ（メス）がくわえているのはピラカンサの実。

センリョウの木の実を拾ったら

お正月飾りを作る

もし枝ごと手に入ったら一輪挿しや剣山に差して生け花を楽しもう。赤い実が少しと葉っぱ数枚程度であればお正月のリースを作ってみては？しめ縄と水引と組み合わせればステキなリースが出来上がる。

間違えやすい木の実

【マンリョウ】

センリョウよりも茎が太く真っすぐ立ち上がり、葉はもっと細長く、その下にぶらさがるように赤い実がなる。

【ジュウリョウ】

ヤブコウジと呼ばれる。背は低く、葉のギザギザはあまり目立たない。葉も実の数も少なく、実はぶら下がる。

Mochi Tree

Ilex integra

モチノキ

［黐の木］

モチノキ科　常緑広葉樹　高木　5〜10m

見つけやすさ　◆◆◇

木の実の大きさ：直径1cm
木の実の時期：10〜12月
分布：本州〜沖縄
見られる場所：海辺、公園、庭
原産地：日本、台湾、韓国、中国
別名：モチ
花言葉：時の流れ

赤くてジューシーなのに鳥には不評

肉厚で、おいしそうなのに、
何故かいつも食べられずに残っている、
野鳥にあまり人気のない木の実。
いつまでも木に残り、しわしわの
みすぼらしい姿になっていることも多い。

木の実

皮が分厚く、肉厚な赤い木の実が、枝の周囲にびっしりと並ぶ。先端には黒い跡が残っている。

タネ

1つの木の実の中には、しわくちゃなタネが4個入っている。

赤い木の実の定説を覆す人気のなさ

木の実が赤くなる理由は、野鳥たちに「今が食べごろだよ」「おいしいよ」とアピールするためだ。野鳥に食べてもらってこそ、赤い木の実がタネを広げる目的を果たせる。モチノキの木の実は赤くて果肉部分が多く、枝にたくさんまとめてなっており、上空を飛ぶ野鳥の目に必ず止まっているはずだ。それなのに野鳥に食べられていくのは、周囲のもっと目立たない木の実ばかり。やがて何も食べるものがなくなったら、ようやくチラホラと食べられ始めるが、大半が食べられることなく、シワシワのみすぼらしい姿になって地面にボタボタと落ちている。よほどマズいのか？と思いたくなる。

おいしくはないが、食べられる野鳥の非常食？

野鳥は人間と違って食べ物を収穫して蓄えておくことはできない。もし食べ物が見つからなければ死んでしまう。だから空を飛び、食べ物を見つけて食べることは命がけの勝負だ。せっかく木の実を見つけても、食べられるものとは限らない。まだ青く熟していない実だったり、自分にはあわないサイズや形状で食べられない場合だってある。いい木の実を見つけても、タイミングを逃して他の野鳥に先をこされて食べられたり、他の動物に食べられたり、毎日がサバイバル。そんな中、モチノキの木の実は長い期

花

開花は4月頃。雄雌異株だが、同じ木で時々、性別が変わる。雄花は集団で咲き、雌花は真ん中が大きく丸い。

葉

葉は分厚く、すべすべした手触り。左右対称ではなく、互い違いに葉がつく。

幹

皮をはぐとネバネバした液を取り出せ、昔はこれで鳥や虫を捕まえるとりもちを作った。

間、食べごろのサインである赤い実をつけている。秋は木の実が豊富で他に急いで食べるべきものがあるが、冬になればぐんと赤い木の実は減ってくる。そこでもまだ赤い木の実をつけているモチノキが俄然目立ってくる。もしかするとモチノキは野鳥にとって何も食べるものがない時のための非常食ストックのような存在なのかもしれない。

木の実に卵を産む天敵は、木の実の色を止める

野鳥に人気はないけれど、いつかは食べられるのを待つ、という地道な作戦をとっているモチノキの天敵がいる。モチノキタネオナガコバチは夏の間に木の実に産卵し、モチノキの木の実の中で成虫になる。そしてこの虫が入っている木の実は冬になっても、赤くならず緑色のままで、食べられることはなく冬を過ごす。

相棒

集団で行動するレンジャクなどがモチノキの木の実を食べることが多い。

果実

てっぺんに黒い点がある朱色の木の実がたくさんまとまっている。果肉部分は多く、みずみずしい。

モチノキの木の実を拾ったら

クリスマスリースを作る

もし剪定可能な庭木などがあれば、赤い木の実のついた枝ごと何本か切って、輪っかにするだけで、なかなか立派なクリスマスリースが完成する。

間違えやすい木の実

【クロガネモチ】

モチノキの仲間で、ひと回り小さい木の実をつける。庭木によく使われるが、やはりこちらも野鳥には人気がない。

【イヌツゲ】

植木などによく使われる。あまり似てはいないが、よく目にする樹木で、木の実は濃い紫色がやはりいつまでも木に残っていることが多い。

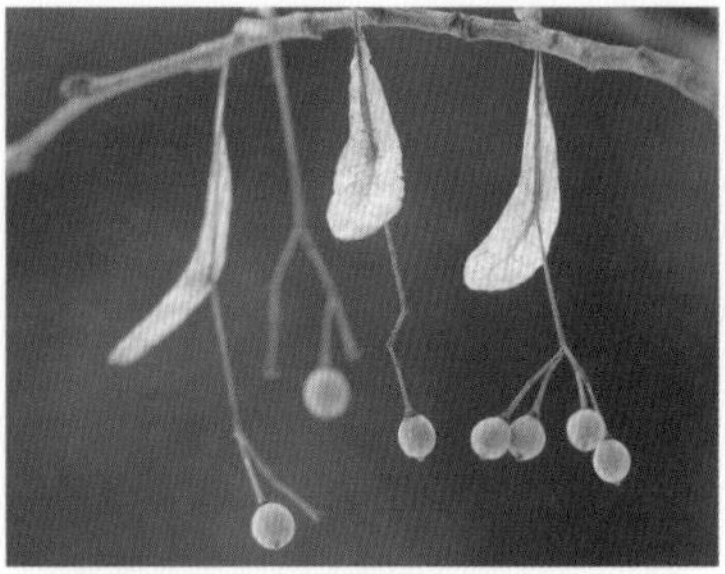

ボタイジュ

葉の部分からタネが2つぶら下がり、竹とんぼのようにしてくるくる回転して落ちて来る。

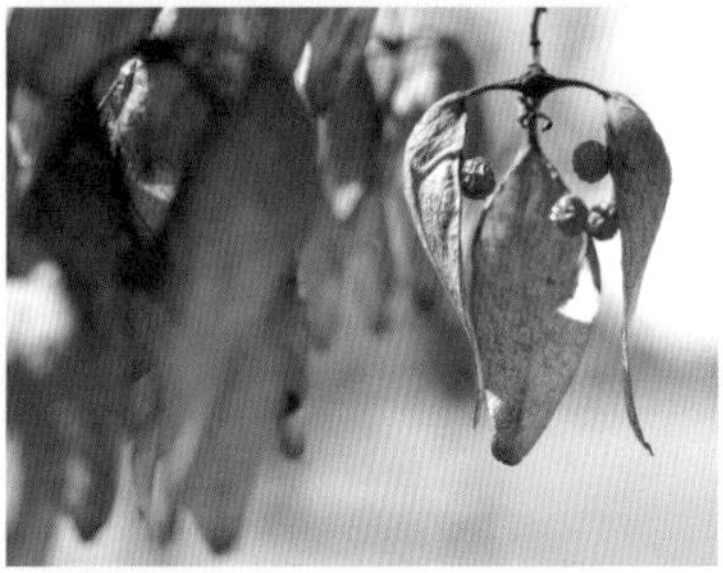

アオギリ

葉っぱの縁に3、4個のタネがくっついて回転しながら落ちる。ボートのような形。

ほかにもまだある

身近な木の実とタネ

よく見かけるけれど、これは一体何？と思う木の実も。ここでは本編で紹介しきれなかったものを紹介します。

ケヤキ

枝ごと葉と実を落とす。葉の根元に1～2個の実が付き、葉を翼のように旋回して遠くへ落ちる。

ヒマラヤスギ

まるでバラのコサージュのような形の殻が落ちている。これは先端部分で、本当はもっと大きく卵のような形。

モミジバスズカケノキ（プラタナス）

すべて綿毛付きの落下傘をつけたタネの集合体。キレイな玉のような形で落ちていることもある。幹が迷彩模様なのも特徴。

コブシ

かなりグロテスクな見た目。果実が裂けて、中からタネが飛び出してこんな姿になる。

モミジバフウ（フウ）

リースの材料などによく使われる。落ちているのは風に飛ぶタネを入れていた殻。

コウヨウザン

マツボックリにも似た木の実の殻と一緒に葉ごと落ちていたりする。

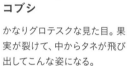

NUTS COLUMN

木の実の標本作り

拾った木の実を記念にとっておきたい。ただ机の上に置くだけだと、ただのゴミになるかも。せっかくならキレイな標本をインテリアにして飾ろう。

壁掛け標本

材料

- 木製の額縁やフォトフレーム、キレイな菓子箱など
- 木工ボンド
- 画用紙
- 鉛筆
- 木の実辞典など
- 拾った木の実

作り方

1. 公園で拾った木の実を並べて、とっておきたいものを選ぶ。
2. 虫がついていそうな木の実や大きな殻などは一度鍋で軽く茹でる。
3. 乾燥させる。乾燥は急がず、紙封筒に入れて1ヶ月ほどぶら下げておくと、割れにくく、長持ちするキレイな標本になる。
4. フォトフレームなどのサイズに合わせて画用紙をカットして挟む。
5. 木の実の裏にボンドをつけてはりつけて、好きな配置でフォトフレーム内の画用紙に貼り、1晩乾かす。
6. その木の実を調べて、名前をその木の実の傍に書き込んだら完成。

クリスマス飾りクラフト

材料

- **絵の具、毛糸、ビーズなど**
- **拾った木の実**

作り方

1. 白や金、銀などの絵の具を準備し、好きな木の実に塗る。または木工用ボンドをつけて毛糸やビーズなどをつけてもいい。
2. 乾かしたらリースやオーナメントに使う。

木の実
ハーバリウム

材料

- **空き瓶**
- **ハーバリウム液**
- **ピンセット**
- **拾った木の実**

作り方

1. 好きな木の実を見つけて選ぶ。なるべく色味や形の異なる小さめのものを選ぶ。
2. 瓶に入れて、静かにハーバリウム液を流し込み、ピンセットなどでポジションを整えたら蓋をして完成。

小鳥を呼ぶ木の実リース

材料

- **リースの台**
- **木工ボンド**
- **麻紐**
- **拾った木の実**

作り方

1. 拾った木の実を集める。この時、なるべく赤い実や、まだ開き切っていない木の実などを集める。
2. 新聞の上にリース台を置き、木工ボンドで好きな木の実を貼り付け、リースを作る。
3. よくかわかしたら麻紐などで、庭の木にぶら下げ、野鳥が来るのを待つ。

［監　修］小南陽亮
［　絵　］加古川利彦

［編　集］山下有子
［デザイン］山本弥生

参考文献
木のタネ検索図鑑（文一総合出版）
種子たちの知恵（NHK 出版）
秋の樹木図鑑（廣済堂出版）
種子散布（築地書館）
木の実の呼び名辞典（世界文化社）
身近な木の実・植物のタネ（実業之日本社）
身近な草木の実とタネハンドブック（文一総合出版）
野鳥と木の実ハンドブック（文一総合出版）
どんぐりハンドブック（文一総合出版）

子どもと一緒に覚えたい 木の実の名前

2021年 4月 11日　第1刷発行

発 行 人　山下有子

発　　行　有限会社マイルスタッフ
〒420-0865 静岡県静岡市葵区東草深町22-5 2F
TEL:054-248-4202

発　　売　株式会社インプレス
〒101-0051 東京都千代田区神田神保町一丁目105番地

印刷・製本　株式会社シナノパブリッシングプレス

乱丁本・落丁本のお取り換えに関するお問い合わせ先
インプレス　カスタマーセンター
TEL:03-6837-5016　FAX:03-6837-5023
service@impress.co.jp（受付時間／10:00～12:00、13:00～17:30 土日、祝日を除く）
乱丁本・落丁本はお手数ですがインプレスカスタマーセンターまでお送りください。
送料弊社負担にてお取り替えさせていただきます。
但し、古書店で購入されたものについてはお取り替えできません。

書店／販売店の注文受付
インプレス　受注センター　TEL:048-449-8040　FAX:048-449-8041
株式会社インプレス　出版営業部
TEL:03-6837-4635

 ISBN978-4-295-40371-5　C0045